1학년을 위한
즐거운
독서록
쓰기

1학년을 위한

즐거운 독서록 쓰기

1판 1쇄 발행   2010년 7월 10일
1판 3쇄 발행   2011년 3월 10일

집필   강승임
기획   이봉순
편집   디박스
디자인   디박스
발행인   이연화
발행처   아주큰선물

주소   서울시 용산구 이촌동 한가람 Ⓐ 214-1002
대표전화 02-796-7411
대표팩스 02-796-7412
등록번호 106-09-23890

1학년을 위한 즐거운 독서록 쓰기

40가지 방법으로 쓴 119가지 재미 있는 모범 독서록

강승일 저

아주큰선물

머리말

1학년을 위한
맞춤형 독서록 쓰기로 즐겁게 시작!

1학년이 되면서부터 이것 저것 글쓰기 숙제가 많아져요. 그 중 독서록 쓰기는 일기 쓰기와 더불어 가장 많이 내는 숙제 중 하나지요. 일주일에 2~3권 정도의 책을 읽고 쓰도록 하고 있는데 많은 어린이들이 힘겨워해요.

그 이유는 무엇일까요? 책도 잘 읽고 내용에 대해서도 어느 정도 말할 수 있는데, 막상 쓰려고 하면 막히는 까닭은 내용이나 감상이 제대로 정리가 안 되어서예요. 책을 읽는 것과 말을 하는 것, 그리고 글을 쓰는 것은 다 다른 활동이랍니다. 이 중 쓰기가 누구에게나 힘든 일이지요. 그건 제대로 쓰기 위해서는 어떤 내용을 쓸지 미리 정해야 하기 때문이에요. 내용을 선택하고 정리하는 것, 그리고 어떤 형식으로 쓸지 정하는 것이 참 어려워요.

그래도 독서록 숙제를 잘하고 싶은 마음은 굴뚝같을 거예요. 그렇다면 이제 하나씩 천천히 배워 봅니다.

먼저 책을 잘 읽는 방법부터 터득해 보세요. 글자만 읽거나 그냥 줄거리만 파악하려고 하지 말고, 생각하고 상상하고 추론하면서 읽는 거예요. 그래야 나중에 감상이 진하게 남는답니다.

그 다음 인상적인 장면부터 고르는 법을 배우고 이를 독서록에 써 보세요. 그림으로 표현하는 독서록 쓰기가 어느 정도 숙달되면 그 다음에는 줄거리를 요약하고 느낀 점이나 생각한 점을 덧붙입니다.

느낌과 생각을 어떻게 정리하는지 이 책을 참고하면 도움이 될 거예요. 또 여러 가지 다양한 방법으로 독서록을 쓰도록 유도합니다. 이를 위해 40가지 방법으로 쓴 독서록을 실었습니다. 아이들이 보고 따라 하고 싶고, 나도 이렇게 쓸 수 있겠다는 자신감을 가질 수 있는 재미있고 쉬운 독서록이에요.

이제 1학년도 독서록을 즐겁게 잘 쓸 수 있어요! 마음 속에 있는 것들을 하나씩 끄집어 내면서 나만의 개성 있는 녹서록을 써 봅니다.

강승임

※ 재미있는 독서록 자료를 제공해 준 김소영(서초초등학교 1학년), 정지원(신용산초등학교 3학년)에게 고마움을 전합니다.

차례

2부 생각과 느낌이 톡톡 튀는 즐거운 독서록 쓰기

1장 재미가 모락모락~ 기본을 잡는 독서록 쓰기

2장 책 속 보물~ 내용이 콕콕 잡히는 독서록 쓰기

3장　느낌이 생생~ 감성이 풍부한 독서록 쓰기

부록

● 원고지 쓰기와 10칸 공책 쓰기

1

술술 책 읽고
술술 독서록
쓰기 비법

1장

책을 술술 읽어 보아요~

책을 술술 읽는다는 게 무슨 뜻일까요? 또 그렇게 읽으면 무엇이 좋을까요? 술술 읽는다는 건 상상력을 발휘하여 책 속에 나온 내용, 나오지 않은 내용을 두루 생각하며 막힘없이 읽는 걸 말해요. 이렇게 술술 읽으면 책에 대해서도 잘 말할 수 있고, 독서록도 쉽게 쓸 수 있답니다. 그 방법을 알아봅니다.

표지를 보고 내용을 상상해요!

　　책을 만드는 사람들이 가장 신경을 쓰는 부분이 무엇인지 아세요? 책 내용일까요? 물론 책 내용도 중요하지만, 표지와 제목을 아주 중요하게 생각해요. 책의 얼굴이기 때문이에요. 그래서 책 만드는 사람들은 표지와 제목 안에 아주 많은 의미를 담지요.

　　따라서 표지를 보고 곰곰이 생각하면 어떤 내용인지 짐작할 수 있고, 책에 대해 더욱 흥미를 가질 수 있어요.

표지를 보고 이런 질문을 해요

1 **누가 나와 있지?**
　두 아이요. 앞의 아이는 얼굴이 울상이고, 뒤의 아이는 목발을 짚고 있어요.

2 **제목이 무엇이지?**
　〈가방 들어주는 아이〉에요.

3 **누가 제목과 연관이 있을까? (누가 주인공일까?)**
　앞의 아이예요.

4 **왜 그렇게 생각하지?**
　앞의 아이가 더 크고 가방을 들고 있기 때문이에요.

지은이와 출판사를 정확히 알아야 해요! 

책의 내용을 생각하고 쓴 사람을 '지은이(저자)' 라고 말해요. 그리고 그림을 그린 이를 '그린이(삽화가)' 라고 하지요. 책을 만든 회사는 '출판사' 라고도 하고 '펴낸곳' 이라고도 해요.

내용을 읽기 전에 지은이가 누구이고, 출판사가 어디인지 반드시 확인해야 해요. 지은이와 출판사에 대해 많이 알면 알수록 나에게 맞는 더 좋은 책을 고를 수 있기 때문이에요.

지은이와 출판사를 독서카드에 써요 

책이름	깃털없는 기러기 보르카
펴낸곳	비룡소
지은이	존 버닝햄
그린이	존 버닝햄
옮긴이	엄혜숙

★ 옮긴이는 외국어로 된 책을 우리말로 번역한 사람을 말해요.

차례를 보고 호기심을 가져요!

책장을 펼쳐 보면 본문이 나오기에 앞서 머리말과 차례가 있어요. 많은 사람들이 책에 대한 정보나 내용을 미리 알고 보면 흥미가 떨어진다고 생각하는데 절대 그렇지 않아요. 책에 대해서는 많이 알면 알수록 배경지식이 생기기 때문에, 읽을 때 집중도 더 잘 되고 이해도 더 쉽지요.

따라서 본문 내용을 읽기 전에 머리말과 차례를 보면서 어떤 내용인지 상상해 봅니다. 뒷표지에 나온 글도 읽어 보세요.

차례에 궁금한 점을 메모해요

* 도서 : 「엘머와 이기용」(비룡소)

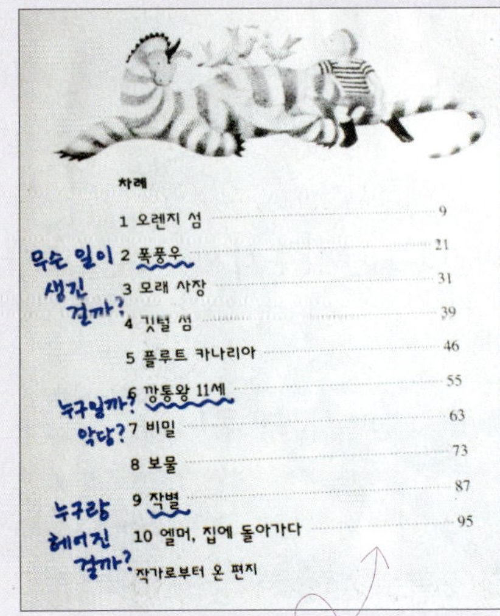

차례를 훑어 보며 궁금한 점, 알고 싶은 점을 간단히 메모해요.

뒷표지 글을 꼼꼼하게 읽어요.

책을 읽는다는 것은 무슨 뜻일까요? 이건 글자를 읽는다는 뜻이 아니라 글을 통해 무슨 내용인지를 파악해 간다는 뜻이에요.

따라서 독서를 할 때는 단순 글자 읽기에 그치는 것이 아니라 머릿속으로 글이 표현하는 장면을 떠올리면서 적극적으로 읽어야 한답니다. '집'이라는 글자가 나오면 머릿속으로 집을 떠올려 보는 것이랍니다. 그러면 마치 영화를 보는 것처럼 내용이 쉽게 파악될 거예요.

장면을 떠올리는 법

1 먼저 사물을 하나씩 머릿속으로 그려 봐요.

크기와 모양, 색깔 등을 자세히 떠올려 봅니다.

2 사물이 어디에 자리 잡고 있는지 위치를 정해요.

사물이 놓인 자리, 어떤 모습으로 어떻게 놓여 있는지 상상해 봅니다.

3 사물들 사이의 관계에 대해 생각해요.

사물들의 배열, 거리, 서로 미치는 영향 등을 생각해 봅니다.

4 전체적인 장면을 떠올려요.

마치 영화나 사진을 보듯 질서가 잡힌 장면을 떠올려 봅니다.

내가 주인공이라고 상상하면서 읽어요!

    장면을 떠올리는 것보다 더욱 적극적으로 읽는 방법은 나를 주인공이라고 상상하면서 읽는 거예요. 그러면 주인공의 마음이 헤아려지고 주인공의 행동이 이해되지요. 그리고 평소에 하지 못했던 일을 책 속에서라도 하게 되니까 흥미가 생기고 재미가 느껴져요.

    주인공의 이름 대신 내 이름을 집어넣어 읽어 보세요.

주인공이라고 상상하는 법

- **주인공의 말투를 흉내내요.**

  목소리, 억양, 속도 등을 상상해서 동화구연을 하듯 대화문을 읽어 봅니다.

- **주인공의 감정과 기분을 느껴요.**

  기쁜지, 슬픈지, 행복한지, 불행한지, 재미있어하는지 등 어떤 기분인지 상상해요.

- **주인공이 왜 그런 행동을 했는지 이해해요.**

  주인공이 어떤 이유와 목적, 의도를 가지고 그런 행동을 했는지 생각해 봅니다.

- **주인공의 성격을 추론해요.**

  주인공의 말과 행동을 통해 어떤 성격을 가졌는지 생각해 봅니다. 이를 통해 다음에 할 행동을 예상할 수 있어요.

다음 내용을 예상하면서 읽어요!

　　책을 읽을 때는 다음 이야기에 대한 궁금증을 가지고 읽어야 해요. 그래야 내용에 집중도 잘 되고 이야기 파악도 쉬워지지요. 예상하며 읽는 능력을 기르기 위해 평소 같은 책을 여러 번 읽는 것도 좋은 방법이에요. 그리고 엄마가 읽어줄 때 본문 내용을 줄줄 읽기보다 페이지를 넘기기 전에 다음 내용이 어떻게 전개될지 아이에게 먼저 질문을 한 뒤 읽어주면 자연스럽게 예상하며 읽는 습관이 생긴답니다.

예상하며 읽는 법

- 주인공이 다음에 어떤 행동을 할지 예상해요.

  주인공의 다음 행동은 지금 읽고 있는 내용에 나와 있는 행동과 연관이 있어요.

- 주인공이 다음에 어떤 말을 할지 예상해요.

  주인공이 누군가와 대화를 나누는 상황과 대화의 내용을 잘 살펴보면 다음에 상대방에게 어떤 말을 할지 예상할 수 있어요.

- 주인공이 누구를 만날지 예상해요.

  주인공을 도와줄 인물이 나올지, 괴롭힐 인물이 나올지, 아니면 함께 놀 인물이 나올지 예상해 봅니다. 친구, 가족, 낯선 사람 등을 만날 거예요.

- 주인공에게 어떤 일이 일어날지 예상해요.

  주인공이 겪게 될 일을 예상해 봅니다.

왜 그런 제목을 지었는지 생각해요!

    책을 다 읽고 나서 마지막으로 점검할 게 있어요. 다시 처음으로 돌아와 왜 그런 제목을 지었는지 생각해 보는 거예요.

    제목을 지을 때 작가와 출판사는 아주 많은 고민을 한답니다. 좋은 제목은 책에 대해 관심과 호기심을 갖게 하고, 내용을 예상하게 하며, 주제에 대해서도 어느 정도 생각하도록 유도합니다.

제목을 분석하는 법

- 제목이 주인공과 어떤 관련이 있는지 생각해 보아요.
  <엘머의 모험>이라는 제목처럼 주인공의 이름이 제목에 들어가기도 해요.

- 제목이 어떤 소재와 관련이 있는지 생각해 보아요.
  <짜장, 짬뽕, 탕수육>이라는 제목은 이야기 중에 나오는 놀이 이름이에요. 이 놀이는 친구들 사이의 갈등을 해결하는 중심소재이지요.

- 제목이 어떤 궁금증을 일으키는지 생각해 보아요.
  <지퍼에는 왜 이가 있을까요?>라는 제목은 독자에게 물건(지퍼)에 대한 궁금증을 갖게해요.

- 제목이 어떤 주제를 담고 있는지 생각해 보아요.
  <생활 예절 이야기>라는 제목은 책 내용이 생활 예절을 주제로 했다는 것을 알려줘요.

2장

간단한 독서지도로
생각을 술술 꺼내 보아요~

아이 혼자서 독서록을 쓰게 되기까지는 시간이 걸려요. 아무리 책을 잘 읽고 평소 표현력이 좋은 아이도 쓰기는 어렵답니다. 따라서 아이가 혼자 쓰기까지 엄마가 도움을 주어야 해요. 그러면 어떻게 아이의 독서록 지도를 할 수 있을까요? 여기 열 가지 간단한 방법을 실었으니 참고가 될 거예요.

책을 읽고 몇 가지 대화를 나누는 것만으로도 아이의 생각을 자극하여 좋은 독서록 쓰기를 유도할 수 있으니 마음을 편안히 가지고 시도해 보세요.

1학년이어도 읽어 줄 수 있어요!

    1학년인데다가 글자도 다 아는데 종종 읽어달라는 아이들이 있어요. 엄마 입장에서는 아이 혼자 읽고 생각을 정리한 다음 독서록을 쓰기를 바라게 되지요. 이래야 아이의 실력이 는다고 생각하기 때문이에요. 하지만 그렇지 않아요. 엄마가 들려주는 이야기를 듣고 아이들은 더 많은 정서와 감정을 기르게 되고, 표현력도 좋아진답니다.

    책을 다 읽어 준 다음 머릿속으로 떠오르는 장면을 간단히 독서록에 그려 보도록 합니다.

읽어주기의 좋은 점

- 아이가 책에 더 많은 흥미를 갖게 돼요.
- 책을 읽어 주는 동안 아이의 호기심과 상상력이 크게 발동해요.
- 아이들이 책과 더욱 가까워져요.
- 언어 표현력과 사고력이 크게 향상돼요.
- 듣는 습관이 길러져요.
- 집중력이 생겨요.
- 아이의 정서가 풍부해지고 성격이 좋아져요.
- 엄마와의 관계가 돈독해져 안정감이 생겨요.

그림책으로 인상적인 장면 고르는 법을 익혀요!

　명장면을 그리거나 기억에 남는 장면을 그릴 때는 처음부터 줄글로만 된 책에서 고르도록 할 것이 아니라 그림책을 읽고 고르도록 합니다. 내용이 어떻게 시각화되는지 알 수 있으므로 고르기 쉬워요. 아니면 보통 그림책은 책의 내용을 가장 잘 담고 있는 그림을 표지로 쓰기 때문에 표지를 자세히 관찰하도록 하는 것도 인상적인 장면을 고르는 데 도움이 돼요.

인상적인 장면으로 **독서록 쓰는 법**

〈손 큰 할머니의 만두 만들기〉
(재미마주)를 읽고 그린 인상적인
장면이에요.

1 책을 읽기 전에 그림만 보면서 어떤 그림이 마음에 드는지 확인해요.

2 책을 읽고 난 다음에 책 내용을 간단히 말하도록 해요.

3 그 내용을 가장 잘 표현하는 장면을 고르도록 해요.

4 그 장면을 그리고 어떤 장면인지 간단히 쓰도록 해요. 만약 그림 그리기가 어려우면 책의 그림을 따라 그려요.

동화책으로 줄거리를 요약해요!

독서록의 기본은 줄거리 요약이에요. 줄거리를 요약하는 방법을 익히기 위해서는 짧은 내용의 동화책을 읽는 것이 좋아요. 그리고 등장인물도 많지 않고 '발달 – 전개 – 위기 – 절정 – 결말'의 구성이 뚜렷한 것이 좋지요.

줄거리를 요약할 때는 이야기의 배경, 주인공과 그 외의 인물, 중심 사건을 먼저 찾은 다음에 핵심 내용만 조금 덧붙이면 된답니다.

동화책으로 **줄거리 요약**하는 법

- **마인드맵으로 간추려요.**

  책의 제목이나 글감을 한가운데 쓰고, 떠오르는 내용을 연결하여 적은 다음, 사건이 일어난 순서대로 이어 줄거리를 간추려요.

- **주요 사건을 나누어 간추려요.**

  사건을 다섯 가지 정도로 나누어 각각 누가, 무엇을, 어떻게 하였는지 정리한 다음, 연결하여 줄거리를 간추려요.

- **6하원칙에 따라 간추려요.**

  누가, 언제, 어디서, 무엇을 하였고, 그것이 어떻게 되었으며, 왜 그랬는지에 대한 내용을 찾은 다음 이를 연결하여 줄거리를 간추려요.

　과학책에는 새로운 정보와 지식, 이론이 넘쳐나지요. 그래서 과학책을 읽으면 지적 호기심이 왕성해지고, 아는 것이 많은 유식한 사람이 될 수 있어요. 과학책을 읽고 독서록을 쓸 때는 먼저 책 내용을 퀴즈로 만들어 봅니다. 그러면 정보와 지식을 찾는 법도 익힐 수 있고, 이렇게 찾은 정보들을 나열하여 어떤 것이 좀 더 중요한지 판단하는 안목도 길러진답니다.

　주의할 점은 과학 지식책이든 과학 동화책이든 줄거리보다 객관적이고 사실적인 정보를 찾아야 한다는 것입니다. 그리고 정보를 찾는 퀴즈를 냈으면 이를 바로 독서록에 옮겨 보아도 좋아요.

여러 가지 과학 퀴즈

- **O, X 퀴즈** : 책 속 정보를 한 문장으로 만들어 참인지 거짓인지 묻는 퀴즈예요.

- **단답형 퀴즈** : 한두 낱말로 답할 수 있는 주관식 퀴즈예요.

- **자음 퀴즈** : 답이 한 낱말일 때 각 글자의 자음만으로 힌트를 주어 맞히게 하는 퀴즈예요. 예를 들어 '광합성'이 답이라면 'ㄱ, ㅎ, ㅅ'으로 된 글자라고 힌트를 주는 것이지요.

- **십자 낱말풀이 퀴즈** : 가로칸과 세로칸에 들어가는 낱말들의 뜻을 보고 낱말을 맞히는 퀴즈예요.

- **스무고개 퀴즈** : 답과 관련한 내용을 스무 가지 정도의 문장으로 만들어 하나씩 제시하면서 맞히도록 하는 퀴즈예요.

독서카드 쓰기부터 시작해요!

　책을 읽고 가장 간단하게 정리하는 방법은 독서카드를 쓰는 거예요. 특히 글쓰기를 싫어하고, 아직 어떤 방법으로 쓰는지 잘 모르는 아이들에게 독서카드를 적게 하면 부담 없이 쓸 수 있답니다. 독서카드부터 쓰기 시작해서 어느 정도 숙달이 되면 등장인물에 대해서도 써 보게 하고, 내용도 간단하게 정리해 보게 합니다.

　책이름, 지은이, 출판사, 읽은 날은 기본적으로 들어가야 하고, 차차 등장인물 소개와 줄거리, 생각 등을 아주 간단히 언급하도록 합니다.

간단한 **독서카드**와 발전된 **독서카드**

책이름	책 먹는 여우		
지은이	프란치스카 비어만	출판사	주니어김영사
읽은날	2010. 7. 5	쪽수	56쪽

간단한 독서카드

책이름	책 먹는 여우		
지은이	프란치스카 비어만	출판사	주니어김영사
읽은날	2010. 7. 5	쪽수	56쪽
등장인물	여우 아저씨, 경찰관, 사서, 교도관 (빛나리 씨)		
줄거리	책 먹는 여우 아저씨가 나중에 책을 써서 유명해진다.		
감상	나도 책을 많이 읽어서 재미있는 책을 마구 쓸 거다.		

내용이 정리된 독서카드

줄거리는 한 문장 정도로 요약해요.

모르는 어휘를 독서록에 정리해요!

　이제 막 독서록을 쓰기 시작한 아이들은 책을 읽다가 모르는 낱말과 많이 마주치게 돼요. 이것이 걸림돌이 되어 책 내용을 파악하는 데 어려움을 겪기도 하지요. 이런 경우 내용을 쓰기보다 모르는 낱말을 독서록에 정리해요. 그러면 책을 능동적으로 읽는 습관도 들이게 되고, 내용을 파악해야 한다는 부담감에서 벗어나 자기 수준에서 독서록도 쉽게 쓸 수 있어요.

　모르는 낱말에 형광펜이나 색연필로 표시를 한 다음, 책을 다 읽고 독서록에 옮겨 적은 뒤, 사전에서 그 뜻을 찾아 써요. 뜻풀이 말고도 낱말을 활용하여 짧은 글짓기도 할 수 있어요.

책 속 **낱말 정리**와 **낱말 활용**

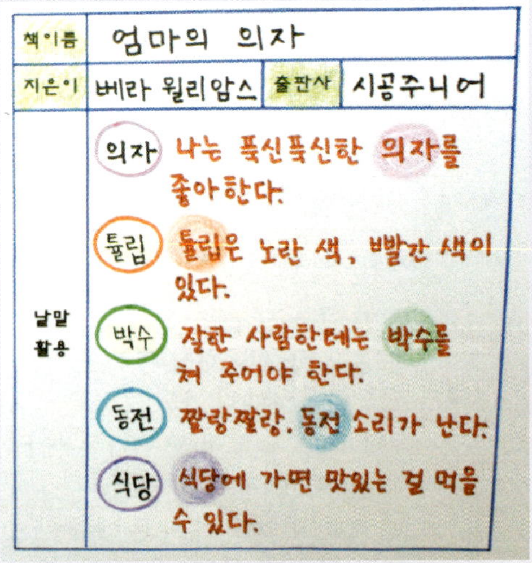

책이름	화가 나는 건 당연해		
지은이	미셸린느 먼디	출판사	비룡소

낱말 정리	공평	한 쪽으로 기울지 않고 공정함.
	감정	사물에 대해서 느끼어 일어나는 마음.
	직전	일이 생기기 바로 전.
	곤란	일의 처리나 살림살이가 매우 어려움.
	잠자코	아무 말 없이 조용히.

낱말 정리

책이름	엄마의 의자		
지은이	베라 윌리암스	출판사	시공주니어

낱말 활용	의자	나는 푹신푹신한 의자를 좋아한다.
	튤립	튤립은 노란 색, 빨간 색이 있다.
	박수	잘한 사람한테는 박수를 쳐 주어야 한다.
	동전	짤랑짤랑. 동전 소리가 난다.
	식당	식당에 가면 맛있는 걸 먹을 수 있다.

낱말 활용

생각과 느낌엔 이런 내용을 적어요!

줄거리를 쓴 다음 생각한 점이나 느낀 점을 써요. 그런데 많은 아이들이 이 부분에서 막히지요. 보통 생각한 점은 별로 없고, 느낀 점은 '재미있다.' 또는 '재미없다.' 정도예요. 정말 책을 읽고 생각과 느낌이 없는 걸까요?

사실은 있답니다. 그런데 그걸 어떻게 표현하는지, 어떤 것이 생각이고, 어떤 것이 느낌인지 모르기 때문에 대충 말하게 되는 거지요.

생각과 느낌을 잘 적기 위해서는 이에 대한 구체적인 질문을 해 보고, 그 답을 나름대로 찾아봅니다. 다짜고짜 "책을 읽고 무슨 생각을 했니?"나 "책을 읽고 어떤 느낌이 들었니?"라는 질문을 할 게 아니라 주인공과 내용에 대해 구체적으로 물어야 잘 떠올릴 수 있어요.

생각과 느낌을 쓰는 법

- 다음의 느낌을 갖게 했던 장면을 고르고 어째서 그런 느낌이 드는지 써요.

  기쁨, 슬픔, 행복, 긴장, 설렘, 불안, 분노, 즐거움, 만족, 안심한 장면이나 내용을 고르고 어째서 그런 감정이 들었는지 써요.

- 등장인물의 행동 중 잘한 점을 찾아 칭찬하는 내용을 써요.

- 등장인물의 행동 중 잘못한 점을 쓰고, 왜 그렇게 생각하는지 써요.

- 내가 주인공이라면 어떻게 했을지 써요.

- 주인공이 왜 그런 행동을 했는지 이유를 써요.

- 주인공의 마음을 헤아리고 어떤 느낌이었을지 상상해서 써요.

어떤 형식으로 쓸지 정해요!

보통 독서록을 쓸 때 줄거리를 정리한 다음, 느낀 점이나 생각한 점을 써요. 그런데 이 방법만으로 독서록을 쓰면 지루할 수 있고, 참신함이 떨어지므로 창의적인 방법, 다양한 방법으로 써 봅니다.

여러 가지 독서록 형식

1 명장면 그리기

책에 나온 삽화 중에서 인상적인 장면을 그리고 간단한 설명을 덧붙여요.

2 주인공이나 등장인물의 모습 그리고 특징 쓰기

주인공의 생김새를 개성 있게 표현하고 성격이나 특징을 써요.

3 책 광고 만들기

책을 읽기를 바라는 마음을 담아 책의 특징이나 꼭 읽어야 하는 이유, 독자의 호기심을 유발하는 내용과 이미지로 책 광고를 만들어요.

4 만화로 표현하기

내용 중 재미있는 부분을 골라 4~8컷 정도의 만화를 그려요.

5 중요 장면 그리고 설명하기

책의 줄거리를 알려주는 중요 장면을 4개 정도 선택하여 그림으로 그리고 간단히 내용을 써요.

6 마인드맵 만들기

책의 제목, 주제, 글감 등을 가운데 쓰고, 그로부터 연상되는 낱말을 연결해요.

7 상장 만들기

주인공이나 등장인물의 칭찬할 점을 찾아 표창장을 만들어요.

8 등장인물이나 지은이에게 편지쓰기

등장인물이나 지은이에게 편지를 쓰는데, 하고 싶은 말이나 궁금한 점을 써요.

9 줄거리와 감상 쓰기

줄거리를 요약하고 생각한 점, 느낀 점을 구체적으로 써요.

10 인상적인 부분과 생각 쓰기

책에서 가장 인상적인 부분을 적고, 그에 대한 감상을 써요.

11 독서퀴즈 내기

책에 나온 지식이나 정보를 퀴즈로 묻는 문제를 내요.

12 등장인물 인터뷰하기

등장인물에게 궁금한 점을 묻고, 질문도 직접 써 봐요.

13 주인공이 되어 이야기 바꿔 쓰기

주인공이 되어 마음에 안 드는 내용이나 바꾸고 싶은 내용을 새롭게 고쳐 써요.

14 뒷이야기 상상해서 쓰기

뒷이야기가 어떻게 전개될지 상상해서 써요.

15 경험과 연관 지어 쓰기

주인공과 나의 생활을 비교하여 비슷한 일을 겪은 적이 있다면 비교하며 써요.

16 주인공에게 충고나 조언하기

주인공이 잘못 생각하거나 행동하는 일이 있으면 무엇이 잘못인지 조언해요.

17 책표지 만들기

책표지에는 많은 정보들이 담겨 있어요. 책표지를 보고 그대로 따라 그리거나, 자기만의 개성을 살려 새로운 표지를 만들어요.

18 본받을 점 쓰기

주인공이나 나오는 이들 중에서 배울 점이 있으면, 어떤 행동에서 어떤 점을 배울지 자세하게 써요.

19 노랫말로 표현하기

책의 내용이나 주제를 소재로 해서 예쁜 노랫말을 지어요. 이때 알고 있는 노래의 가사를 책 내용으로 바꾸면 돼요.

20 새로 알게 된 점 쓰기

과학책이나 역사책, 지식책에는 새로운 내용이 많이 나와요. 번호를 붙여 새로운 정보나 지식을 정리해요.

21 독서 삼행시, 다행시 쓰기

주인공, 책제목, 주제 등으로 삼행시 또는 다행시를 지어요. 이때 책 내용이나 주제, 등장인물의 성격 등이 시에 드러날 수 있도록 해요.

22 중심 낱말 연결하기

책을 읽고 떠오르는 중심 낱말을 적은 다음, 이 낱말을 시작으로 해서 계속 연상되는 낱말을 적어요.

23 독서감상화 그리기

책의 주제나 내용, 책에 대한 감상을 표현하는 그림을 그리고 어떤 그림인지 간단히 소개해요.

24 책 제목 수수께끼 내기

책 제목을 알아맞힐 수 있는 수수께끼 문제를 내요. 어려운 문제를 먼저 내고 쉬운 문제를 나중에 내요.

25 중요한 물건 찾기

책에 나오는 여러 가지 물건들 중에서 기억에 남는 물건, 소중한 물건을 그리고, 책에서 어떻게 쓰였는지 써요.

26 중심 낱말에 어울리는 그림 그리기

중심 낱말을 4~6개 정도 쓰고, 각각 떠올려지는 장면이나 그림을 그려요.

27 어려운 낱말 찾아 풀이 쓰기

책을 읽다 보면 어려운 낱말이 많이 나와요. 독서록 공책에 옮겨 적고 뜻풀이를 써요.

28 낱말 활용하여 짧은 문장 짓기

책 속 어려운 낱말이나 기억에 남는 낱말을 몇 가지 고른 뒤, 그 낱말이 들어간 짧은 문장을 지어요.

29 등장인물 소개하기

책 속에 나오는 이를 그리고 각각 생김새, 성격, 특징 등을 정리해요.

30 독서 시화(시가 들어 있는 그림) 그리기

책을 읽고 난 후의 감상을 시로 표현하고, 어울리는 그림을 그려 독서 시화를 만들어요.

31 다짐과 결심 쓰기

주인공을 통해 결심한 일이나 다짐한 일을 써요.

　형식과 쓸거리를 다 정했는데도 막상 연필을 쥐고 쓰려고 하면 막힐 때가 많아요. 그럴 땐 엄마가 첫 문장을 불러 주세요. 아이들은 엄마가 불러 주는 문장을 듣고 아이디어를 떠올려 쓰게 된답니다. 어떻게 시작해야 하는지 감을 잡게 되는 것이지요. 첫 문장을 쓰고 나면 그 다음부터는 혼자서도 잘 쓸 수 있답니다.

　첫 부분에는 보통 읽게 된 동기를 쓰는데, 그 외에도 여러 가지 내용을 생각해 보세요.

독서록을 시작하는 첫 문장 유형

1 읽게 된 동기 쓰기① – 궁금증 해결을 위해

　세종대왕이 무슨 일을 했는지 더 자세히 알기 위해 이 책을 읽게 되었다.

2 읽게 된 동기 쓰기② – 주변에서 추천해서

　우리 반 친구 책벌레 상수가 아주 재미있는 책이라고 해서 읽어 보았다. 상수가 재미있다고 하면 틀림없이 재미있기 때문이다.

3 읽게 된 동기 쓰기③ – 제목이나 표지가 흥미로워서

　표지에 어떤 새가 나왔는데 표정이 조금 슬퍼 보였다. 왜 그런지 궁금하고 관심도 생겨서 한번 읽어 보았다.

4 책 제목에 대한 생각을 말하며 시작하기

　처음 제목을 보았을 때 생쥐들에 대한 이야기인 줄 알았다. 제목이 〈생쥐 이야기〉이기 때문이다. 그런데 읽어 보니 생쥐가 들려주는 이야기였다.

5 책의 내용이 무엇인지 말하며 시작하기

〈책 먹는 여우〉는 책을 너무너무 좋아해서 먹기까지 하는 여우에 대한 이야기이다.

6 주인공에 대해 말하며 시작하기

이 책의 주인공 한스는 자신감이 없고 소심하다.

7 지은이에 대해 말하며 시작하기

이 책을 쓴 고정욱 선생님은 장애를 가지고 있다. 그래서 주인공의 마음을 누구보다 잘 아는 것 같다.

8 어디에서 일어난 일인지 장소에 대해 말하며 시작하기

이 이야기는 지리산 어느 산골짜기에서 있었던 일이다. 그곳은 사람이 다니지 않는 깊은 산골짜기이다.

9 언제 있었던 일인지 시간에 대해 말하며 시작하기

이 책에 나온 3·1운동은 지금으로부터 약 100년 전에 일어났다. 정확하게 말하면 1919년에 일어났다.

10 책을 읽고 난 후의 느낌부터 말하며 시작하기

정말 속상하다. 둘이 좋아하고 계속 만나고 싶은데 만나지 못하게 하니까 속상한 것이다.

11 책의 주제에 대해 말하며 시작하기

이 책은 '자신감'에 대한 책이다. 주인공은 자신감이 없었는데, 꼬마 용을 만나고 나서부터 자신감이 생기고 이제 무엇이든 잘하는 사람이 되었다.

12 책의 내용과 관련한 나의 경험을 말하며 시작하기

전에 동물원에서 털이 다 빠진 공작을 본 적이 있다. 사람들이 자꾸 만져서 그렇다. 그런데 책 속의 기러기도 털이 다 빠져 있다.

2

생각과 느낌이
톡톡 튀는
즐거운
독서록 쓰기

1장

기본을 잡는 독서록 쓰기

독서록 쓰기는 아이들에게 결코 쉬운 글쓰기가 아니에요. 그래서 처음에는 무조건 흥미를 갖게 하는 것이 중요합니다. 어떻게 흥미가 생기게 할까요? 아이들은 쉽고, 시각적이고, 감정 이입이 되면 흥미를 느낍니다. 그래서 처음 독서록을 쓰거나 아직 능숙하지 않은 아이들은 1장에 있는 내용과 방법들로 써 보도록 합니다.

누가 누가 나오나? 나오는 사람 그리기

책 속엔 여러 인물이 나와요. 그 중에 기억에 남는 사람이 있나요? 그 사람의 모습을 상상하여 자세하게 그려 보세요. 책에 나온 그림을 보고 그릴 땐 정확하게 따라 그려 보세요.

이렇게 써요

책이름	꽃님이가 전학 온 날		
지은이	고토 류지	출판사	크레용하우스

1 책에 대한 기본 정보를 적어요.

꽃님이의 살인 미소

2 제목을 써요.

3 인물의 성격이나 특징이 모습 속에 담겨 있도록 그려요.

4 어떤 모습을 그린 것인지 간단히 써요.

꽃님이가 민호를 보면서 웃는 모습이다. 이것이 바로 살인미소다. 꽃님이가 사실은 마음씨가 착한것 같다.

책이름	늑대가 들려주는 아기 돼지 삼형제 이야기
지은이	존 셰스카
출판사	보림

비쩍 마르고 웃긴 늑대

늑대예요. 옛날이야기의 늑대는 무섭지만 이 책의 늑대는 좀 웃겨서 웃기게 그렸어요. 그런데 늑대가 너무 비쩍 말라서 볼품이 없어요.

책이름	생쥐 이야기
지은이	아놀드 로벨
출판사	비룡소

이야기를 잘 듣는 생쥐

귀여운 아기 생쥐다. 아기 생쥐가 열심히 이야기를 듣는 모습이다.
이렇게 잘 듣는 걸 보니 공부도 잘할 것 같다.

# 머릿속을 빙빙 맴도네~ 책 속 낱말로 짧은글 쓰기

이야기를 다 읽고 나서 머릿속에 빙빙 맴도는 낱말이 있나요? 이 낱말들을 더 오래 기억하는 방법은 그것이 들어간 문장을 만들어 보는 거랍니다.

이렇게 써요

책이름	엄마의 의자		
지은이	베라 윌리엄스	출판사	시공주니어

1 책에 대한 기본 정보를 적어요.

의자, 튤립, 박수, 동전, 푹신푹신

2 멋진 제목을 붙여요.

- 나는 푹신푹신한 의자를 좋아한다.
- 튤립은 노란빛, 빨간빛이 있다. 빨주노초파남보 무지개빛 튤립이 있으면 정말 예쁘겠다.
- 짝짝짝! 나를 칭찬하는 박수 소리가 제일 듣기 좋다!
- 10원, 50원, 100원, 500원 동전 중에서 나는 500원이 마음에 든다.
- 솜털 이불에 누우면 푹신푹신해서 잠이 잘 온다.

3 기억에 남는 낱말을 5개 내외로 떠올려 보고 그것이 들어간 문장을 만들어 보세요.

4 짧은 글짓기를 하면서 느낀 점을 써요.

동전을 모아 의자를 산 장면이 기억에 남는다. 그 의자는 예쁜 꽃이 그려진 소파이다.

책이름	책을 먹는 도깨비 깨보
지은이	김승태
출판사	예영커뮤니케이션

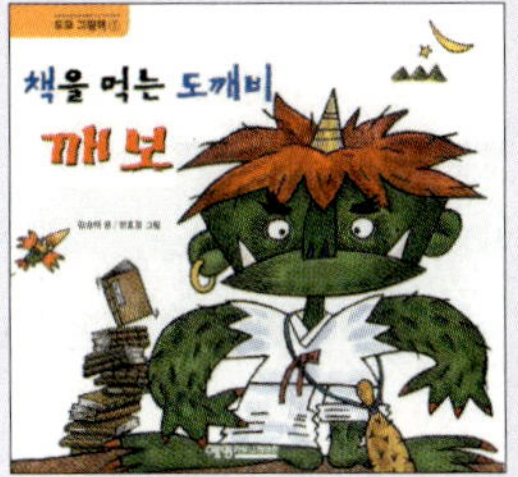

서당, 훈장님, 심술꾸러기, 도깨비

- **서당**에 가서 한자를 배워요. '하늘 천', '땅 지'라고 말해요.
- **훈장님**은 꼭 산타할아버지 같아요. 왜냐하면 수염이 길기 때문이에요.
- 내 동생 별명은 **심술꾸러기**, 먹보, 욕심쟁이, 울보예요.
- **도깨비**가 되면 방망이로 보석을 많이많이 나오게 해야지.

책이름	유령 박물관에서 열린 음악회
지은이	조애너 콜, 브루스 디긴
출판사	비룡소

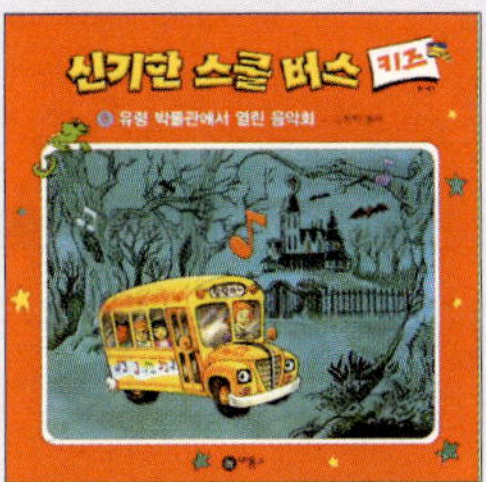

소리, 박쥐, 진동 음파, 박물관

- **소리**가 소리를 치네. 소리는 내 친구.
- 어두운 동굴 속에 **박쥐** 떼가 거꾸로 매달려 잠을 자고 있다.
- 손을 목에 대고 '아' 하고 길게 말하면 목이 떨린다. 이게 바로 **진동**이다.
- 소리가 물결처럼 퍼져 나가는 것이 **음파**이다.
- **박물관**에 가면 옛날 물건들을 잔뜩 볼 수 있다.

나라면 이럴 거야! 주인공 되어 보기

책 속 주인공이 되고 싶다는 생각을 한 적이 있나요?
재미있게 읽은 책의 주인공이 된다면 어떤 일을 할 건가요?
주인공이 되어 무엇을 어떻게 할 것인지 써 보세요.

이렇게 써요

책이름	내 친구 야야		
지은이	김정희	출판사	산하

1 책에 대한 기본 정보를 적어요.

2 제목을 써요.

엎어치기 한 판이면 끝!

내가 만약 겨레라면 프로레슬링을 배울 거다. 그래서 팔순이 누나가 나를 괴롭히려고 할 때 얼른 팔순이 누나 팔을 잡아서 돌려서 엎어치기를 할 거다.

그러면 팔순이 누나가 더 이상 나를 괴롭히지 않을 거다. 내가 힘도 더 세고 실력도 훨씬 좋다는 것을 알게 될 테니까 말이다.

그런데 만약 누나가 안 넘어오면 그 다음에는 엄마한테 말할 거다. 엄마가 팔순이 누나를 혼내서 다시는 그러지 못하게 할 거다.

3 주인공이 되어 어떤 일을 할지 상상해서 써요.

오줌을 누어 복수하는 것보다 프로레슬링으로 복수하는 것이 더 확실하다고 생각한다.

4 왜 이런 상상을 했는지 써요.

책이름	시인과 여우
지은이	팀 마이어스
출판사	보림

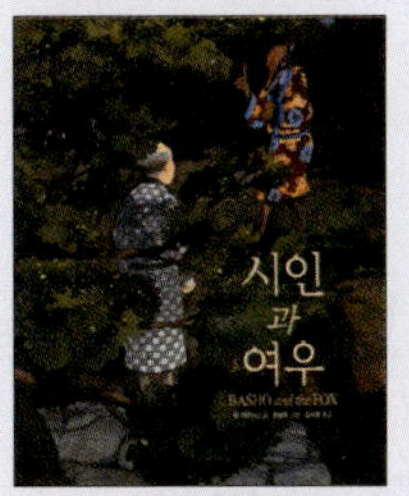

바쇼의 새로운 내기

시인 바쇼는 여우와 시 내기를 했다. 바쇼가 여우 마음에 드는 시를 쓰면 버찌를 바쇼가 모두 먹기로 말이다. 그런데 내가 바쇼라면 여우랑 이렇게 내기할 거다.

"여우야, 나 혼자 시를 쓰면 불공평하잖니. 그러니까 너도 시를 써. 나보다 잘 쓴다면 버찌를 먹지 않겠어."

이렇게 내기하면 여우가 실력이 탄로 날까 봐 다시는 버찌 근처에 얼씬도 하지 않을 것 같다. 그럼 나 혼자 버찌를 다 먹을 수 있다.

책이름	있잖아요 산타마을 에서는요…
지은이	가노 준코
출판사	길벗어린이

산타가 된 나

어느 날 내가 산타처럼 몸도 뚱뚱해지고 옷도 빨간 옷을 입고 수염도 길게 나 있었다. 나는 산타들이 사는 산타 마을에 갔다.

나는 산타들과 크리스마스 준비를 하기로 했다. 아프리카랑 북한 아이들에게 선물을 주기로 했다. 아주 근사한 선물을 줘야지.

아프리카 아이들에게는 손 선풍기를 주고, 북한 아이들에게는 시리얼을 줄 것이다.

책의 새로운 얼굴~ 책표지 만들기

책표지에는 책이름과 지은이, 그린이, 출판사 등이 들어 있어요. 그리고 표지 그림이 그려져 있지요. 내가 생각하는 멋진 책표지를 만들어 보세요.

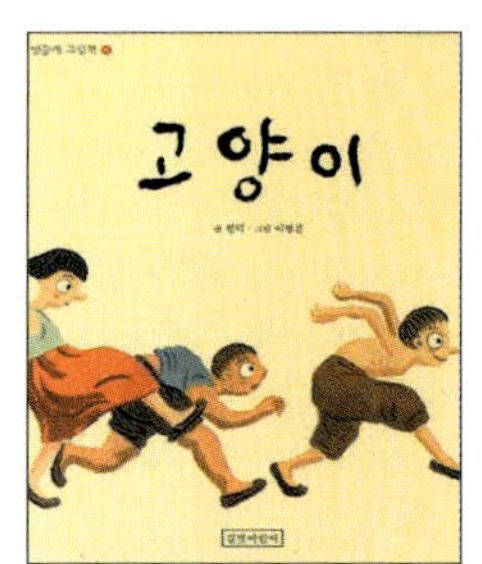

이렇게 써요

책이름	고양이		
지은이	현덕	출판사	길벗어린이

1 책에 대한 기본 정보를 적어요.

2 제목을 써요.

야옹 야옹 고양이

3 책을 읽은 후 자기 생각대로 책표지를 다시 꾸며 보세요.

제목에 고양이가 들어 갔으니까 책표지에도 고양이를 그렸다. 그래야 제목이랑 맞기 때문이다.

4 책표지 그림에 대해 설명해요.

책이름	코는 왜 얼굴 가운데 있을까
지은이	정채봉
출판사	샘터

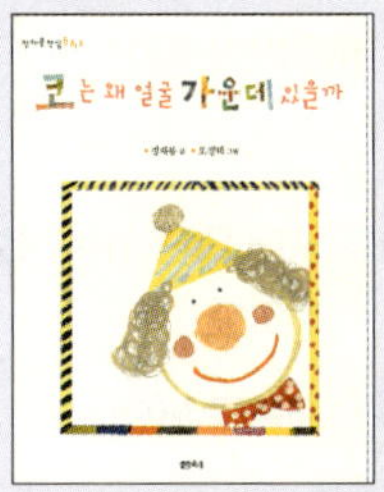

제일 중요한 코

책 속에서 눈, 코, 입, 귀가 서로 말을 한다. 그래서 표지에 눈, 코, 입, 귀를 사람처럼 그렸다.

책이름	호랑이 잡은 피리
지은이	강무홍
출판사	보림

피리 맛 좀 볼래?

삼형제의 막내가 피리를 부니까 호랑이들이 춤을 추는 장면이 제일 재미있어서 그걸 표지로 그렸다.

이런 점을 배워야지, 본받을 점 쓰기

책에 나오는 인물에게 우리가 배워야 할 점은 참 많아요.
용기, 지혜, 긍정적인 태도, 노력하는 자세 등 본받을 점과 앞으로
어떻게 할지 다짐을 써 보세요.

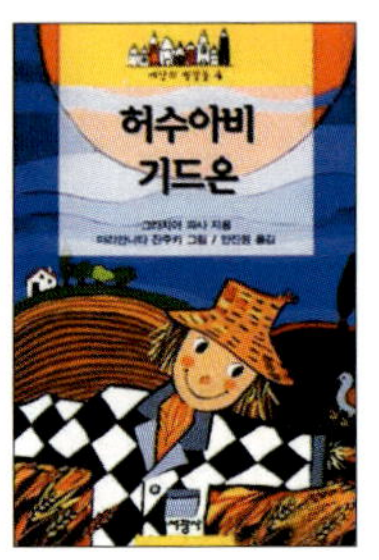

이렇게 써요

책이름	허수아비 기드온		
지은이	그라치아 파사	출판사	서광사

1 책에 대한 기본 정보를 적어요.

남을 돕는 기드온의 착한 마음

2 제목을 써요.

감명 받은 부분 허수아비 기드온은 참새들을 도와
주었다. 보살펴 주고 비도 안 맞게 해 주었다. 나중에
기드온에게 도움을 받은 참새들이 곡식을 하나도 해치지
않은 장면이 가장 감명 깊었다.

3 감명 깊은 부분과 본받고 싶은 점을 써요.

본받고 싶은 점 기드온의 마음씨와 행동을 본받고
싶다. 어려움에 빠진 참새를 돌봐 주고, 참새들이 집을
지을 수 있도록 지푸라기도 나누어 준 일 말이다.

4 나의 다짐을 써요.

나의 다짐 어려운 이웃을 찾아가 봉사를 해야겠다. 또 참새
들처럼 도움을 받으면 꼭 은혜를 갚을 것이다.

책이름	수평선으로 가는 꽃게
지은이	박윤규
출판사	현암사

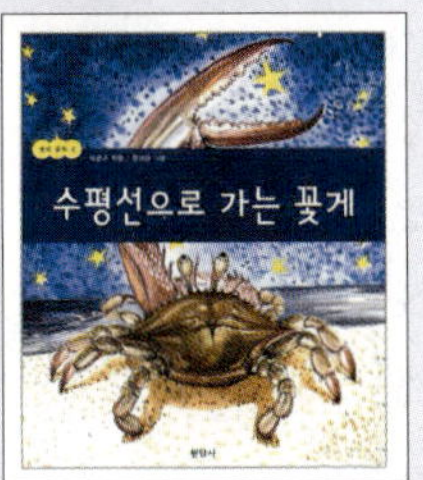

포기하지 않는 마음!

감명 받은 부분 집게발이 결국 수평선을 넘어서 별이 되는 장면이 제일 기억에 남는다.

본받고 싶은 점 어렵고 힘들어도 포기하지 않고 끝까지 하는 태도를 본받고 싶다.

나의 다짐 나는 포기를 잘하는 것 같다. 하지만 앞으로는 집게발처럼 포기하지 않고 한 번 마음먹은 일은 꼭 해내고야 말겠다.

책이름	저만 알던 거인
지은이	오스카 와일드
출판사	분도출판사

친절한 사람이 되자!

감명 받은 부분 이기적이었던 거인이 아이들에게 심술 맞게 행동한 걸 반성하고 작은 꼬마를 나무 위에 올려놓아 주는 부분이 무척 감동적이었다.

본받고 싶은 점 거인의 반성하는 마음, 친절한 마음을 본받고 싶다.

나의 다짐 거인처럼 나쁜 마음을 몰아내고 착한 마음을 가져야겠다. 그리고 나만 아는 사람이 되지 않고 다른 사람들과 마음을 나누는 사람이 될 것이다.

문제를 맞혀 봐~ 독서퀴즈 내기

책을 읽고 중요한 내용을 퀴즈로 만들어 보세요. 그리고 친구들에게 퀴즈 문제를 내 보세요. 그러면 책에 대해서 더 자세하게 알 수 있고 기억에도 오래 남을 거예요.

이렇게 써요

책이름	그리스 사람들은 왜 올림픽 경기를 열었나요?		
지은이	장길호	출판사	다섯수레

1 책에 대한 기본 정보를 적어요.

그리스에 대한 퀴즈, 퀴즈!

2 제목을 써요.

1. 아테네는 어떤 정치를 하였나요? (민주정치)
2. 용감한 군인의 나라는 어디였나요? (스파르타)
3. 그리스 사람들이 믿은 신들의 왕은 누구인가요? (제우스)
4. 고대 그리스의 올림픽 경기는 몇 년에 한 번 열렸나요? (4년)
5. 아테네의 파르테논 신전은 어떤 신을 모신 곳인가요? (아테나 여신)

3 책 내용을 중심으로 퀴즈를 내요.

4 퀴즈를 내면서 느낀 점을 써요.

옛날 그리스에 대한 퀴즈를 내 보니까 그리스에 대해 더 잘 알게 되었다. 나중에 우리나라에 대한 책도 읽어서 우리나라 퀴즈도 내고 싶다.

책이름	과학 동화로 크는 아이4
지은이	우리누리
출판사	한길사

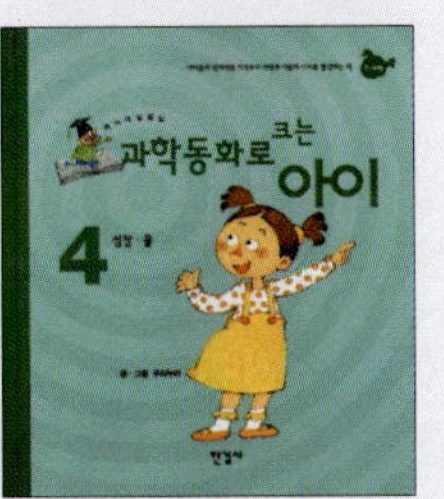

과학짱 퀴즈

1. 식물이 스스로 양분을 만들어 내는 걸 무엇이라고 하나요? (정답 : 광합성)
2. 축축한 빵을 며칠 그냥 놓아두면 무엇이 생기나요? (정답 : 곰팡이)
3. 얼음을 빨리 녹이려면 무엇을 뿌리면 되나요? (정답 : 소금)
4. 분수는 무엇을 이용하여 만든 건가요?
   (정답 : 물의 수압 차이)
5. 공기가 차가운 물체와 맞닿으면 무엇이 되나요? (정답 : 이슬)

책이름	까막 나라에서 온 삽사리
지은이	성승각
출판사	보림

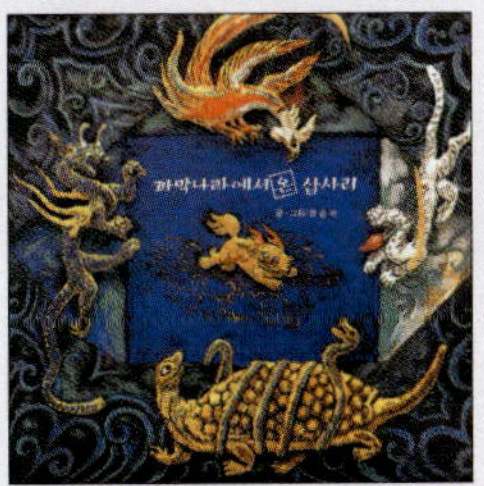

까막 나라 삽사리에 대해 알아봐요~

1. 까막 나라에서 누가 용기를 내어 불을 가져오겠다고 했나요? (정답 : 불개)
2. 환한 빛은 해와 달에서 나오지만 캄캄한 빛은 어디에 있는 거라고 했나요? (정답 : 마음 속)
3. 신하들이 낭떠러지로 불개를 던졌을 때 누가 구해 주었나요? (정답 : 주작, 학)
4. 불개가 낳은 건 무엇이었을까요?
   (정답 : 황삽사리, 청삽사리)

흥얼흥얼 독서 노래~ 노랫말 짓기

글이 적은 그림책이나 감동적인 동화책을 읽고, 그 내용을 줄여 가사로 만들어 보세요. 그리고 가락을 붙인 다음 노래로 직접 불러 봅니다.

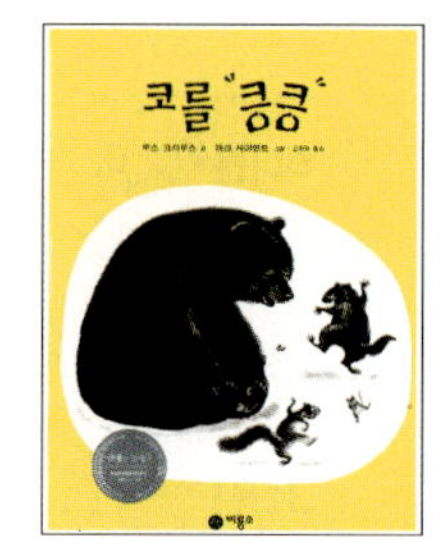

이렇게 써요

책이름	코를 킁킁		
지은이	루스 크라우스	출판사	비룡소

1 책에 대한 기본 정보를 적어요.

2 제목을 써요.

코를 킁킁 (가락 : 퐁당퐁당)

코를 킁킁 숲 속 친구들아
코를 킁킁 숲 속 친구들아 *
어얼른 눈 떠서 눈 길 위를 달려라
눈 길 위를 달리다 이제 멈춰서
예쁜 꽃을 보아라 춤을 추어라
　　　* 반복
예쁜 꽃 노란 꽃 두근대는 봄 소식
하얀 눈이 녹으면 이제 잠을 깨
친구들과 놀아라 빙빙 놀아라

3 자신이 선택한 노래에 맞는 가사를 지어 보아요.

아주 어렸을 때 읽은 책인데, 노랫말로 만들어 보니까 재미있다. '퐁당퐁당' 대신에 '코를 킁킁' 하니까 노래가 된다.

4 노랫말을 짓고 나서 소감을 써요.

책이름	숲을 그냥 내버려 둬!
지은이	다비드 모리송
출판사	크레용하우스

오염물 (가락 : 악어떼)

툭탁툭탁 망치질 한다
플라스틱, 비닐봉지, 알루미늄캔
우리 생활 편리하지만
오염물질 나온다, 오염물
하늘 나는 로켓 만든다
로켓 안에 오염물질 가득 담는다
끈적끈적 보라색 비가
구름에서 나온다, 오염물

책이름	심심해서 그랬어
지은이	윤구병
출판사	보리

심심한 돌이 (가락 : 아기염소)

매앰매앰스르르르르르르매미 따갑게 울어요
엄마랑 아빠랑 호미 들고 갔어요
돌이는 너무 심심해
펄쩍펄쩍 깡충깡충 겅중겅중 푸드덕
정말 신나게 뛰어요
돼지는 감자밭, 토끼는 무밭 마구 파헤쳐
엄마 아빠 집에 돌아와서
정말로 깜짝 놀랐어
이랴이랴 워워워 매애매애 꿀꿀꿀
모두들 들어갔어요

책 속에서 사귄 친구! 등장인물에게 편지쓰기

책을 읽고 등장인물에게 편지를 쓸 때는, 그에게 일어난 일이 무엇인지 먼저 생각해 봐요. 그 다음 그 일과 관련하여 궁금한 일 등을 편지로 물어 보세요.

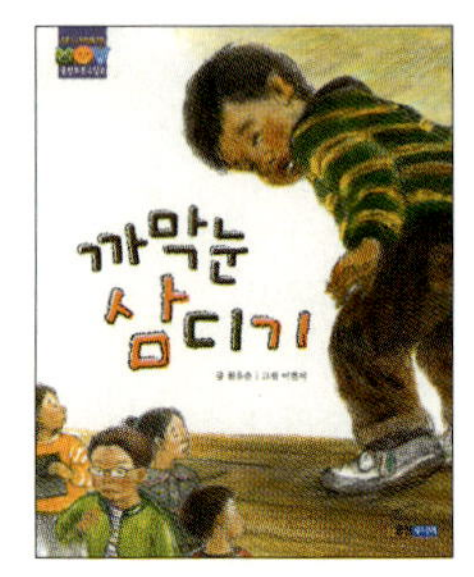

이렇게 써요

책이름	까막눈 삼디기		
지은이	원유순	출판사	웅진씽크빅

1 책에 대한 기본 정보를 적어요.

책도 잘 읽는 삼디기에게

2 제목을 써요.

삼득아, 안녕?

친구들은 너를 삼디기라고 부르지만 나는 삼득이라고 부를 거야. 삼득이가 너의 이름이니까. 처음에 친구들이 네가 글자도 모르고 받아쓰기도 빵점 맞고 그래서 너를 막 놀리잖아. 그때 기분이 어땠어? 나 같으면 속상해서 매일 울었을 거야.

그런데 보라가 전학 와서 정말 좋았지? 보라 덕분에 글자도 알게 되고 책도 조금씩 읽게 되었으니까. 나도 기분이 좋은데 너는 얼마나 기분이 좋았니? 보라는 참 좋은 친구야. 앞으로도 보라랑 친하게 지내.

3 주인공에게 궁금한 점, 하고 싶은 말, 주인공에 대한 생각을 써요.

나도 너의 좋은 친구가 되어 줄게. 이제는 책도 잘 읽는 네가 자랑스러워. 안녕~!

4 끝인사를 써요.

책이름	괴물 예절 배우기
지은이	조안나 코울
출판사	시공주니어

괴물 친구 로지에게

로지야, 안녕? 난 한국에 사는 소윤이야. 나는 괴물이 아니라 사람이야. 그런데 너는 착한 괴물이니, 아니면 나쁜 괴물이니? 내 생각에 너는 착한 괴물 같아. 친구들이랑 사이 좋게 지내고, 으르렁거리지도 않으니까. 그런데 네 엄마랑 아빠는 이렇게 하면 안 된다고 말하지? 괴물은 무섭고 사나워야 하는데, 이렇게 하면 하나도 안 무서우니까. 하지만 나중에 너의 착한 마음과 친절함이 모두에게 전해져 정말 다행이야. 다음에 나 만나면 괴물 예절은 어떤 게 있는지 가르쳐 줘. 그럼 그때까지 안녕!

책이름	순이와 어린 동생
지은이	쓰쓰이 요리코
출판사	한림출판사

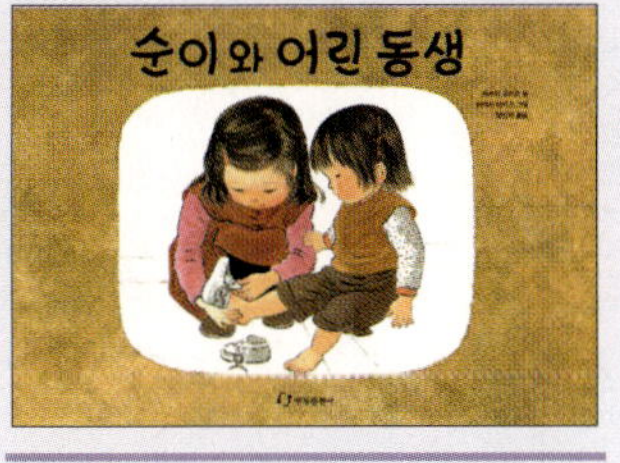

착한 순이에게

순이야~ 안녕?

우리는 닮은 점이 많아. 너도 동생이 있고, 나도 동생이 있고. 너도 동생을 돌보고 나도 동생을 돌봐. 그런데 나는 사실은 동생을 돌보기 싫어. 너는 어때? 너는 정말 동생을 맘속으로도 위하니? 너는 그런 것 같아. 동생이 없어졌을 때 여기저기 힘차게 찾는 걸 보고 너의 마음을 느꼈어. 나도 이제부터 동생을 마음으로도 위하고 사랑할게. 그럼 안녕!

2장

내용이 콕콕 잡히는 독서록 쓰기

책의 내용을 제대로 파악하고 이해하는 것은 매우 중요해요. 기본적인 내용을 알고 있어야 이를 바탕으로 멋진 감상을 할 수 있으니까요. 그런데 아이들에게 다짜고짜 줄거리를 요약하라고 하면 금세 싫증을 낼 수 있답니다. 그러니 다양한 형식으로 기본 내용을 파악할 수 있도록 해 주세요.

- 마음속에 남아 있는 한 장면, 명장면 그리기

- 아하! 이건 이렇구나~ 새로 알게 된 점 쓰기

- 제목 안에 담긴 줄거리, 독서 다행시 짓기

- 꼬리에 꼬리를 무는 낱말 릴레이, 중심 낱말로 연상하기

- 알맹이만 쏙쏙~ 육하원칙으로 줄거리 간추리기

- 이 책을 읽어 보세요~ 책 광고 만들기

- 무슨 책에 나온 이야기일까? 책 제목 알아맞히기

- 이건 보물이야~ 기억에 남는 물건 넣기

마음속에 남아 있는 한 장면~ 명장면 그리기

어떤 책은 다 읽은 다음에도 오랫동안 마음속에 남아 있어요. 어떤 장면이 특히 기억에 남나요? 그 장면을 그림으로 그리고, 어떤 내용인지, 왜 기억에 남는지 써 보세요.

이렇게 써요

책이름	손 큰 할머니의 만두 만들기		
지은이	채인선	출판사	재미마주

1 책에 대한 기본 정보를 적어요.

세상에서 가장 큰 만두

2 제목을 써요.

3 기억에 남는 장면을 떠올려 그려요.

손 큰 할머니와 동물들이 엄청 큰 만두를 만들어서 나눠 먹는 장면이다. 너무 커서 언제 다 먹을지 궁금하다.

4 어떤 모습을 그린 것인지 간단히 써요.

책이름	엄지공주
지은이	안데르센
출판사	거인

귀엽고 예쁜 엄지공주

엄지공주가 귀엽고 예쁘다. 작으니까 더 귀엽고 예쁜 것 같다. 아주 깜찍하다. 나도 엄지공주랑 같이 살고 싶다.

책이름	재주 많은 다섯 친구
지은이	조대인
출판사	보림

오줌손이의 활약

오줌손이가 오줌을 누자 오줌이 폭포처럼 쏟아졌다. 그래서 순식간에 물이 넘쳐 바다가 되어 호랑이들이 다 빠져 죽었다. 너무 통쾌하고 웃겨서 계속 생각이 난다.

책 속에는 보물이 가득해요. 어떤 보물이냐고요? 바로 정보와 지식의 보물이지요. 특히 과학책이나 역사책을 읽으면 새로 알게 된 사실이 많을 거예요. 독서록에 써 보세요.

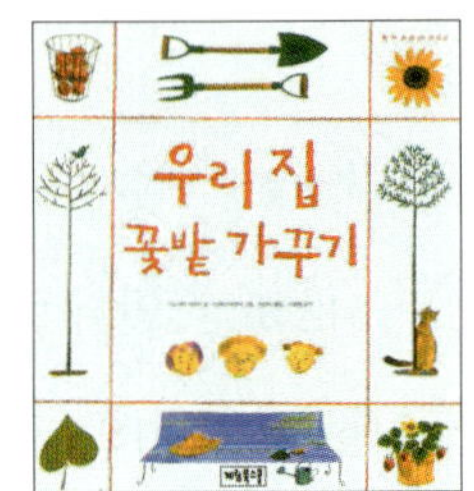

이렇게 써요

책이름	우리 집 꽃밭 가꾸기		
지은이	기도시타 미유미	출판사	계림북스쿨

꽃밭 가꾸는 법 알기

5월에는 장미 모종과 나팔꽃을 심는다. 장미는 다음 해에 피고, 나팔꽃은 7월이 되면 핀다. 빨리 꽃 피는 걸 보려면 나팔꽃을 심으면 되고, 참는 걸 잘하는 사람이면 장미꽃을 심으면 된다는 걸 알게 되었다.

6월에는 수국을 심는데, 수국 줄기를 잘라 와서 땅에 꽂으면 된다. 7월에는 나팔꽃이 피니까 꽃잎을 뜯어서 잉크를 만들면 좋다. 한 번 해 보고 싶다.

가을에는 꽃이 별로 없다. 대신 낙엽으로 여러 가지를 만들 수 있다. 낙엽 피자와 낙엽 도시락이다.

이 책에 나온 대로 당장 꽃밭을 가꾸어 보고 싶다. 그런데 우리 집은 아파트라 그럴 수 없어서 약간 서운하다.

1 책에 대한 기본 정보를 적어요.

2 멋진 제목을 붙여요.

3 어떤 사실을 알게 되었는지 써요.

4 감상을 덧붙여요.

책이름	동그란 지구의 하루
지은이	안도 미쓰마사
출판사	아이세움

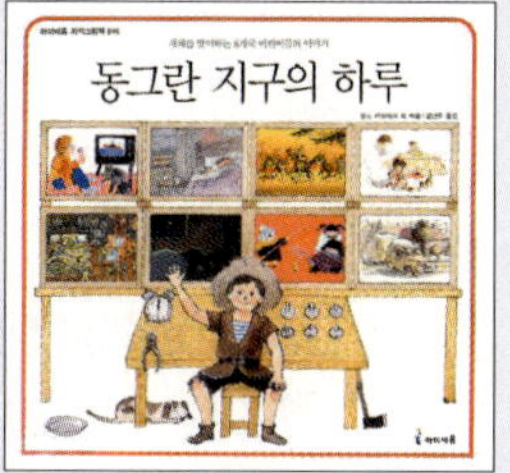

오두오두 다른 지구

지구에는 아주 많은 사람들이 산다.

그런데 그 사람들은 다 다르게 산다.

사는 곳이 다르면 말과 얼굴색과 집 모양과 입는 옷이 다르다. 새해 인사도 다르고, 날씨와 계절도 다르다는 것도 알았다.

하지만 같은 게 하나 있다.

새해가 되면 모두들 기뻐하는 것이다.

책이름	살아 있는 땅
지은이	엘레오노레 슈미트
출판사	비룡소

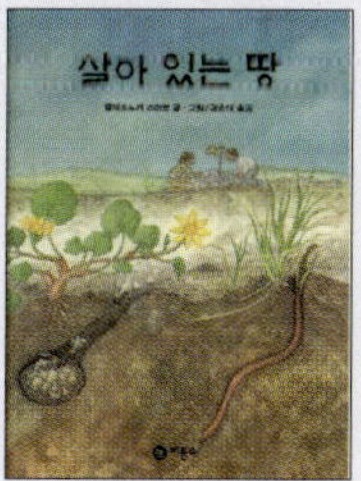

땅 속에도 생명이 있어요!

우리가 보는 땅은 그냥 흙이지만 그 중에서 아주 중요한 흙이 있다는 것을 알았다. 부식토이다. 부식토는 죽은 동물과 식물의 썩은 찌꺼기로 된 흙이다. 여기에 영양분이 많이 있어서 식물을 심으면 잘 자란다.

흙 속에는 또 너무 작아서 볼 수 없는 생물들이 많이 산다. 박테리아, 조류, 균류, 단세포 동물 등이다.

이 책을 읽으니까 땅이 정말 살아 있는 것 같은 느낌이 들었다.

제목 안에 담긴 줄거리, 독서 다행시 짓기

책의 제목에는 많은 내용이 담겨 있어요. 그래서 제목만 보고도 책 내용을 짐작할 수 있지요. 줄거리와 느낌을 담아 제목의 글자로 시작하는 시를 지어 보세요.

이렇게 써요

책이름	책 먹는 여우		
지은이	프란치스카 비어만	출판사	주니어김영사

1 책에 대한 기본 정보를 적어요.

책을 먹는 여우 이야기

2 제목을 써요.

책 책을 먹는 여우의 이야기
여우가 책을 먹을 때 치는 것은 후추와 소금!

먹 먹기만 하지 않고 읽기도 하는 이야기
하지만 먹는 걸 더 좋아하는 여우!

는 는 건 글 쓰는 실력!

여 여우가 글을 써서 유명해지는 이야기
이제 자기 책을 먹는 여우!

우 우리도 한번 책을 먹고, 읽어서 멋진 글을 써 볼까?

3 제목의 첫 글자로 시작하는 글을 지어서 시로 표현해 보세요.

책을 많이 읽으면 글을 잘 쓸 수 있나 보다. 나도 더 많이 책을 읽어서 여우처럼 글을 써서 유명해지겠다.

4 책에 대한 감상을 덧붙여요.

책이름	새봄이 이야기
지은이	최재숙
출판사	보림

엉뚱한 새봄이

새 새봄이는 하늘이의 친구예요.

봄 봄에 태어나서 그런 이름을 지었나 봐요.

이 이상하지는 않고 엉뚱한 아이예요.

이 이번에는 개미를 집으로 데리고 왔어요.
과자 부스러기를 주워 먹게 하려고요.

야 야, 그러면 안 돼! 엄마가 보시면

기 기가 막히지!

책이름	빨간모자
지은이	노자키 아키히로
출판사	비룡소

모자 색깔 맞히기

빨 빨간 모자로 수학을 공부해요.

간 간단한 문제니까 잘 풀어요.

모 모자 장수 아저씨가 씌워 주는 모자 색깔을
맞히는 거예요. 그런데 모자를 벗으면
안 되고, 다른 사람이 쓴 모자를 보고 자기
모자 색깔을 맞히는 거예요.

자 자, 이제 시작해 볼까요?

꼬리에 꼬리를 무는 낱말 릴레이~

책 내용을 기억할 때 주인공의 이름이나 중심 사건과 관련된 낱말을 떠올리면 쉽게 기억할 수 있어요. 사건이 일어난 순서를 생각하며 떠올린 낱말을 써 보세요.

이렇게 써요

책이름	만희네 집		
지은이	권윤덕	출판사	길벗어린이

1 책에 대한 기본 정보를 적어요.

다시 찾은 행복

2 제목을 써요.

만희네 집 —	동네 —	나무 —	꽃
— 유치원 —	개 —	안방 —	옛날
— 가위 —	증조할머니 —	부엌 —	냄새
— 이야기 —	소리 —	광 —	항아리
— 장독대 —	뒤꼍 —	가마솥 —	장작
— 화단 —	부적 —	옥상	

3 사건이 일어난 순서에 맞게 적절한 낱말을 떠올려 적어요.

4 감상을 덧붙여요.

만희네 집은 꼭 보물섬 같다. 구석구석 없는 게 없다. 나도 만희네 집 같은 데서 살고 싶다.

중심 낱말로 연상하기

책이름	큰 도둑 거믄이
지은이	황해도 구전 만화
출판사	분도

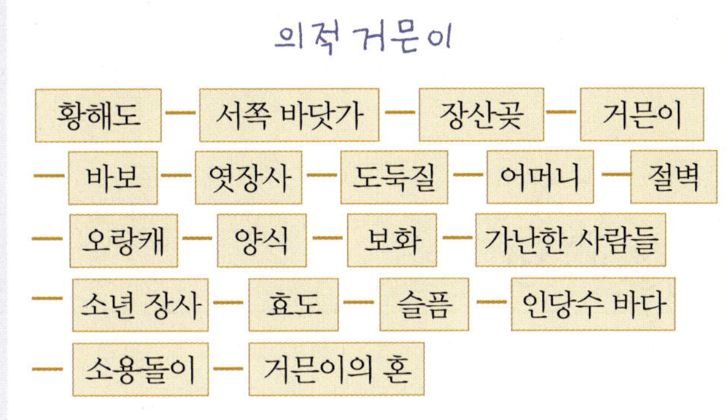

거믄이는 오랑캐에게 양식과 보화를 거두어서 가난한 사람들을 도와주었다. 거믄이는 착한 도둑이다.

책이름	집 없는 아이
지은이	에토르 말로
출판사	예림당

집 없는 소년 레미가 떠돌이 생활을 하면서 고생도 많이 하지만 끝에 행복해져서 나도 행복하다.

알맹이만 쏙쏙~ 육하원칙으로 줄거리 간추리기

책 내용을 간추릴 때 육하원칙에 따라 정리해 보면 금세 간추릴 수 있어요. 누가, 언제, 어디서, 무엇을, 어떻게, 왜 하였는지 찾아서 줄거리를 요약해 보세요.

이렇게 써요

책이름	지각대장 존		
지은이	존 버닝햄	출판사	비룡소

1 책에 대한 기본 정보를 적어요.

존이 지각을 한 이유

2 제목을 써요.

육하원칙

언제	매일 학교 가는 아침에
어디서	학교 가는 길에서
누가	존이
무엇을	악어, 사자, 파도를
어떻게	만나서 지각했다.
왜	학교 가는 길을 방해했기 때문이다.

3 육하원칙에 따라 내용을 정리해요.

4 줄거리를 간추려요.

존은 학교에 갈 때마다 악어, 사자, 파도를 만나서 지각을 했다. 그래서 선생님한테 혼이 나고 매일 반성문을 썼다. 그런데 그 다음부터는 지각을 하지 않았다.

책이름	나는 싸기 대장의 형님
지은이	조성자
출판사	시공주니어

기훈이의 가출

육하원칙

- **언제 일어났나?** 동생이 토하고 난리가 났을 때
- **어디서 일어났나?** 기훈이 집
- **누가 했나?** 기훈이
- **무엇을 했나?** 집을 나갔다.
- **어떻게 되었나?** 버스를 잘못 타서 길을 잃어버렸다.
- **왜 그랬나?** 기훈이가 자기 때문에 배탈이 난 줄 알고 무섭고, 가족들이 자기한테만 뭐라 그러니까 속상해서 나갔다.

줄거리

기훈이는 싸기 대장 동생 때문에 불만이 많다. 식구들이 동생만 예뻐해서이다. 그래서 기훈이도 동생처럼 오줌도 싸고 그러지만 더 혼만 났다. 그런데 동생을 돌보다가 모르고 청거북을 만진 손으로 우유를 먹여서 동생이 탈이 났다. 기훈이는 집을 나왔는데 길을 잃었다. 다시 가족을 만나고 나서 이제부터 의젓한 형이 되기로 했다.

이 책을 읽어 보세요~ 책 광고 만들기

감동적인 책을 읽으면 친구들에게도 권해 주고 싶어요. 그 마음을 담아 책 광고를 만들어 보세요. 중심 이미지를 그린 다음 근사한 제목을 붙여요.

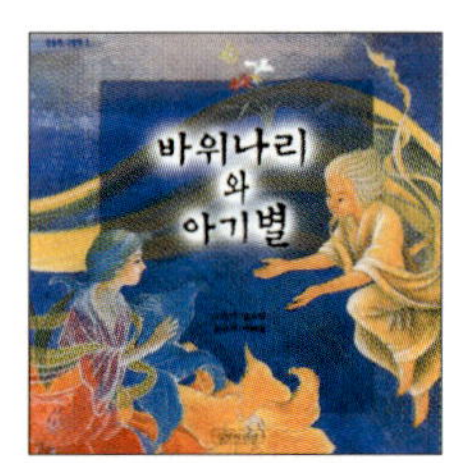

이렇게 써요

책이름	바위나리와 아기별		
지은이	마해송	출판사	길벗 어린이

1 책에 대한 기본 정보를 적어요.

세상에서 가장 슬픈 이야기

2 제목을 써요.

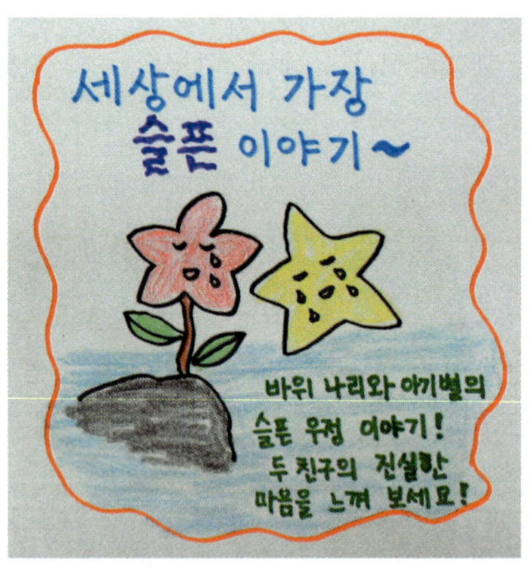

3 책에 나온 그림이나 표지를 그리고, 근사한 제목을 정해요.

4 책의 내용과 권하는 이유를 써요.

바위나리와 아기별의 단 하나뿐인 우정 이야기예요. 슬픔, 아름다움, 감동을 모두 느낄 수 있답니다. 이 책을 읽고 진실한 마음을 가꿔 보세요.

책이름	생각을 모으는 사람
지은이	모니카 페트
출판사	풀빛

이 아저씨는 누구일까요?

책이름	도깨비가 밤마다 꿍꿍꿍
지은이	김용택
출판사	푸른숲

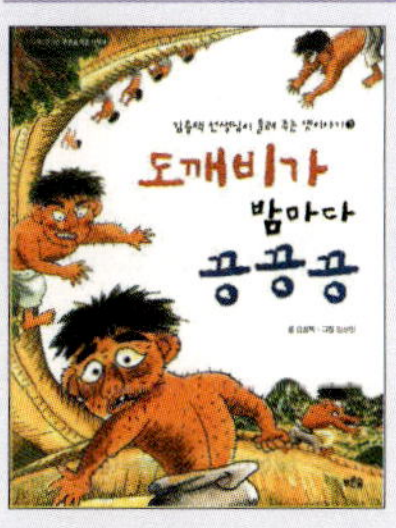

배꼽빠지는 옛날이야기

무슨 책에 나온 이야기일까? 책 제목 알아맞히기

친구들과 함께 책 제목을 알아맞히는 게임을 해 볼까요?
그럼 먼저 중심 내용을 몇 가지 문장으로 만들어 보아야 해요.
문장을 듣고 제목을 맞혀 보세요.

이렇게 써요

책이름	가방 들어 주는 아이		
지은이	고정욱	출판사	사계절

1 책에 대한 기본 정보를 적어요.

2 제목을 써요.

어떤 책일까요?

1. 고정욱 선생님이 지은 책입니다.

2. 주인공은 축구를 좋아합니다.

3. 주인공은 2학년이 된 첫날 특별 임무를 맡습니다.

4. 주인공은 특별 임무가 그다지 마음에 들지 않습니다.

5. 주인공은 나중에 모범상을 받습니다.

6. 주인공은 나중에 자신의 특별 임무를 기꺼이 합니다.

7. 주인공의 친구는 목발을 짚고 다니는 장애우입니다.

3 어려운 내용은 앞부분에 넣고 쉬운 내용은 뒷부분에 넣어요.

힌트) 주인공의 이름은 석우, 임무는 친구의 가방을 들어 주는 것이었습니다.

4 마지막 힌트를 하나 줘요.

책이름	벌렁코 하영이
지은이	조성자
출판사	사계절

고양이 할머니가 나오는 책은?

1. 주인공의 아빠가 교통사고를 당한다.
2. 아빠 병원비 때문에 주인공과 엄마가 이사를 한다.
3. 주인공이 새로 이사 간 집 주인은 할머니이다.
4. 주인 할머니는 쌀쌀맞고 고양이 눈이다.
5. 주인공은 혼자서 호두과자를 먹어치운다.
6. 주인 할머니가 주인공의 배탈을 치료해 준다.
7. 주인 할머니는 예전에 딸을 잃어버렸다.

힌트) 주인공의 이름은 하영이다.

책이름	영원한 주번
지은이	김영주
출판사	재미미주

노란 명찰의 정체는?

1. 주인공은 어떤 명찰을 받고 싶어합니다.
2. 그 명찰은 노란색입니다.
3. 주인공은 명찰을 받지 못해서 친구에게 빌립니다.
4. 주인공은 가짜 명찰을 만들어 옷에 붙입니다.
5. 가짜 명찰은 이천 원입니다.
6. 주인공은 친구에게 천 원을 주어 가짜 명찰을 삽니다.

힌트) 노란 명찰은 바로 주번 명찰이에요.

이건 보물이야~ 기억에 남는 물건 넣기

등장인물이 갖고 있는 물건들 중에서 기억에 남는 물건이 있나요? 그 물건들을 보물 단지 안에 넣어 보세요. 그리고 그 물건들을 선택한 이유도 써 보세요.

이렇게 써요

책이름	아씨방 일곱 동무		
지은이	이영경	출판사	비룡소

바느질할 때 필요한 물건

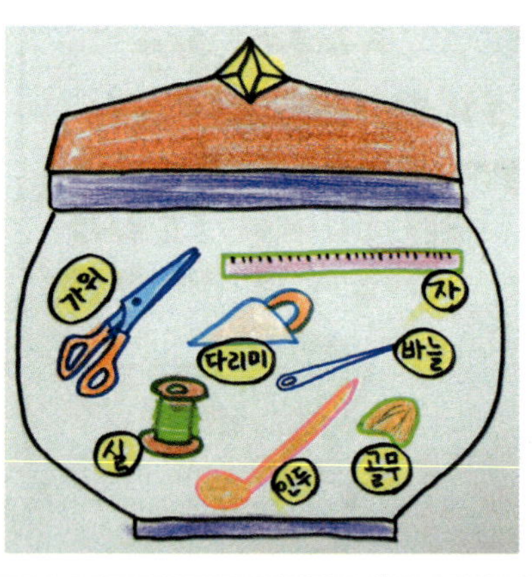

빨강 두건 아씨가 바느질을 잘 하려면 자도 필요하고, 자르는 가위, 바늘, 실, 골무, 인두, 다리미도 필요하다. 이 물건들이 다 있어야 바느질을 잘할 수 있다. 그래서 모두 소중하다.

1 책에 대한 기본 정보를 적어요.

2 제목을 써요.

3 등장인물이 갖고 있는 물건 중에서 기억에 남는 물건을 단지 안에 넣어요.

4 왜 그 물건들을 선택했는지 이유를 써요.

책이름	비눗방울 기계
지은이	장 피에르 기예
출판사	다섯수레

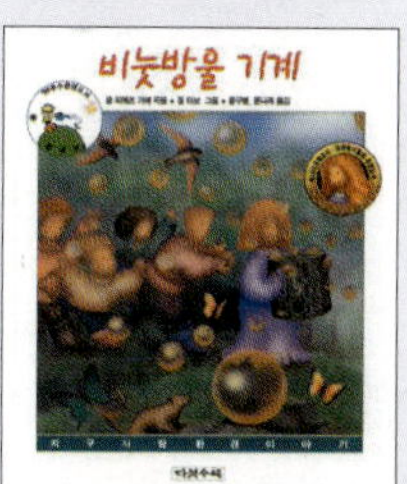

비눗방울 기계

비눗방울 기계는 사실은 보물은 아니다. 하지만 이 책에서 가장 기억에 남는 물건이라 보물단지에 넣은 것이다. 비눗방울 기계는 비눗방울을 만들어서 환경을 오염시키기때문에 단지에 넣어서 아무도 못 쓰게 해야 한다.

책이름	엘머의 모험
지은이	루스 스타일스 개니트
출판사	비룡소

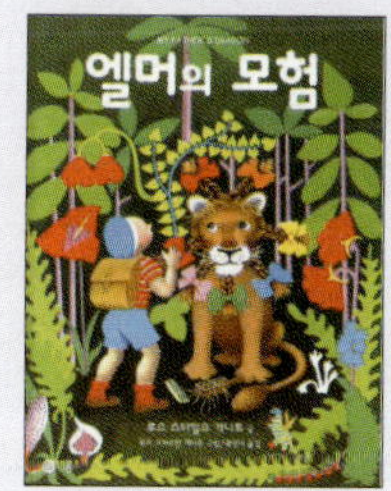

모험 준비물

모험을 떠날 때 준비물이 많으면 안 된다. 무겁기 때문이다. 엘머는 딱 필요한 것만 챙겼다. 길을 찾아 주는 나침반, 자세히 관찰할 수 있는 돋보기, 정글 숲을 헤쳐나갈 수 있는 잭나이프이다. 엘머는 참 똑똑한 것 같다.

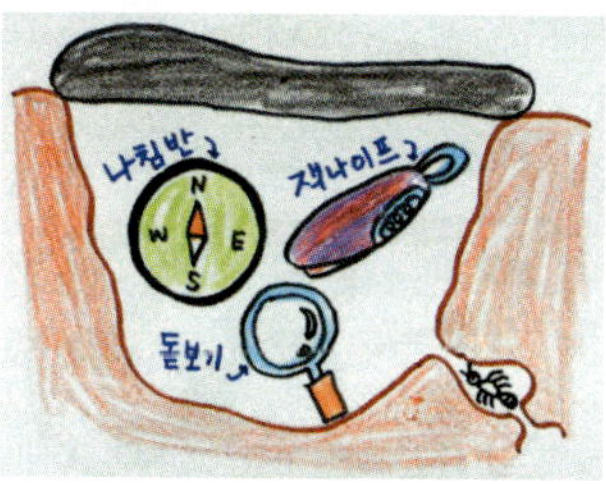

3장

느낌이 생생~
감성이 풍부한 독서록 쓰기

책을 읽으면 마음속에서 어떤 울림이 전해져요. 울림이 약하면 우리는 재미없다고 말하고, 울림이 매우 강하면 감동적이라고 하지요. 이걸 독서록에도 담아 보아요. 슬픔, 기쁨, 뿌듯함, 통쾌함, 설렘, 불안함, 긴장, 행복 등 여러 가지 느낌이 날 거예요. 표현도 참신하게 해봅니다.

- **낱말과 그림의 만남~** 낱말을 보고 연상하기

- **마음속 느낌에 귀기울여봐~** 느낀 점 쓰기

- **내 마음을 담아서~** 주인공에게 편지 쓰기

- **칙칙폭폭, 이야기 달려간다!** 이야기 차례대로 잇기

- **느낌을 그림으로 그려봐~** 독서감상화 그리기

- **책 속 낱말 찾기~** 낱말 뜻풀이 쓰기

- **자세한 느낌~** 일어난 일 순서대로 느낌 쓰기

- **나도 그런 적이 있었지~** 경험과 연관 지어 쓰기

낱말과 그림의 만남~ 낱말을 보고 연상하기

책을 읽고 기억에 남는 몇 가지 낱말을 죽 적어 보세요. 그런 다음 각 낱말을 보고 떠오르는 그림을 그리고, 느낌을 덧붙여 보세요.

이렇게 써요

책이름	강아지 똥		
지은이	권정생	출판사	길벗어린이

1 책에 대한 기본 정보를 적어요.

쓸모 있는 강아지 똥

2 제목을 써요.

3 기억에 남는 낱말을 먼저 쓴 다음, 각 낱말에서 떠오르는 그림을 자유롭게 그려요.

4 느낌을 덧붙여요.

강아지 똥도 쓸모가 있다. 참새, 흙덩이, 병아리는 자기 밖에 모르는 것 같다. 민들레는 강아지 똥 다음으로 착하다.

책이름	글자 줍는 개미
지은이	마테오 테르자기
출판사	미래아이

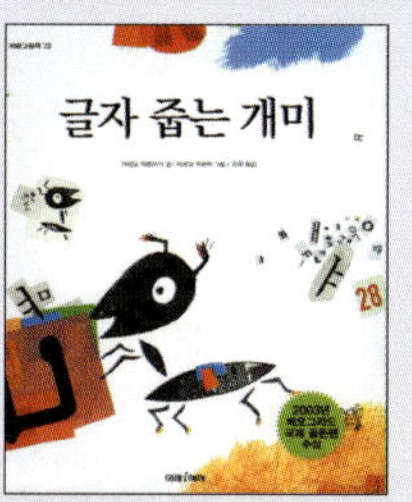

이나는 똑똑해

이나는 정말 똑똑하다.
개미인데 글도 쓸 수 있기 때문이다. 글을 쓸 수 있으면 좋은 점이 많은 것 같다.

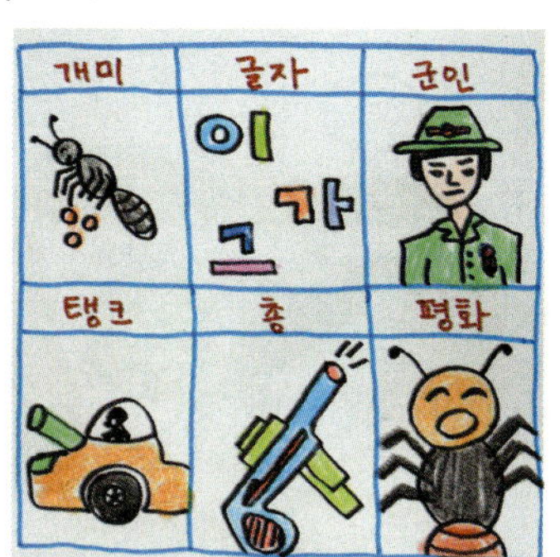

책이름	개구리네 한솥밥
지은이	백석
출판사	보림

마음 착한 개구리

착한 일을 하면 복을 받는다.
어려움에 빠진 친구들을 도와주어 개구리가 복을 받았다.

마음속 느낌에 귀기울여봐~ 느낀 점 쓰기

느낌이란 마음속에서 피어오르는 감정이에요. 책을 읽고 마음속에서 전해지는 울림에 가만히 귀기울여 보면 나만의 느낌을 발견할 수 있어요. 이걸 독서록에 써 보세요.

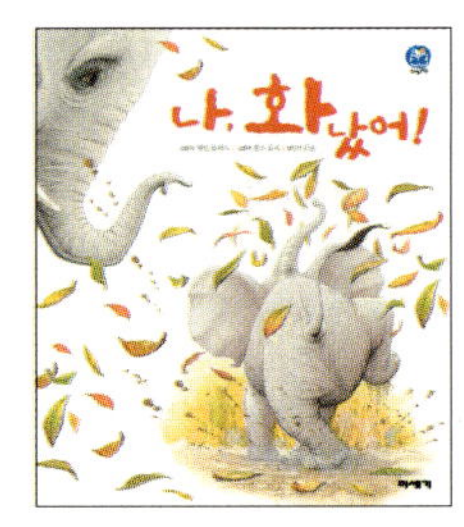

이렇게 써요

책이름	나, 화났어!		
지은이	제인 클라크	출판사	미세기

1 책에 대한 기본 정보를 적어요.

화 참는 법

2 멋진 제목을 붙여요.

아기 코끼리 트럼펫은 화를 많이 낸다. 트럼펫은 화가 나면 몸을 이리저리 흔들고, 귀도 활짝 펴진다. 또 "아이, 몰라, 몰라, 몰라!"하고 짜증을 낸다.

트럼펫이 화를 낼 때 나도 짜증이 났다. 트럼펫은 별것도 아닌데 화를 낸다. 그때 트럼펫의 엄마가 1부터 10까지 숫자를 세라고 한다. 그러면 트럼펫의 마음이 편해지고 화가 가라앉는다. 나도 화가 가라앉았다. 정말 신기했다.

3 중심 내용과 그에 대한 느낌을 두 가지 정도 써요.

4 생각한 점을 써요.

나도 트럼펫처럼 화가 날 때 숫자를 세거나 마음이 편해지는 노래를 부르겠다.

책이름	도깨비를 빨아버린 우리 엄마
지은이	사토 와키코
출판사	한림출판사

씩씩하고 힘센 엄마

빨래를 좋아하는 엄마가 있었다. 어느 날 엄마는 도깨비가 너무 지저분해서 도깨비도 빨아버렸다. 그러자 엄청나게 많은 도깨비들이 나타나 자기도 빨아달라고 했다. 엄마는 힘도 세고 아주 씩씩해서 도깨비들 모두를 빨아 주었다.

엄마가 도깨비를 빨 때 마음이 후련했다. 나도 깨끗해지는 느낌이었다. 또 도깨비가 무섭지 않고 웃기고 꼭 친구 같았다.

책이름	파란 대문 집
지은이	손연자
출판사	문원

마음씨 착한 빨간 사과

어떤 사과가 있었는데, 최고로 멋있는 사과가 되는 것이 꿈이었다. 그래서 세찬 바람, 뜨거운 햇볕도 다 견뎌내어 가장 고운 사과가 되었다. 그런데 개미들이 배고파 하니까 갉아먹도록 두어서 한 순간에 볼품없어졌다.

빨간 사과는 기분이 어떨까? 이제 멋진 모습이 사라져 속상할까? 아니면 친구들을 도와주어서 행복할까? 빨간사과가 참 대단하다.

내 마음을 담아서~ 주인공에게 편지쓰기

책을 읽다 보면 주인공과 친구가 된 느낌이 들어요. 주인공이 겪은 일, 속마음을 잘 알게 되니까 서로 만나서 이야기를 나눈 것처럼 느껴지지요. 그 마음을 편지에 써 보세요.

이렇게 써요

책이름	행복한 청소부		
지은이	모니카 페트	출판사	풀빛

1 책에 대한 기본 정보를 적어요.

행복한 아저씨에게

2 제목을 써요.

청소부 아저씨께

안녕하세요? 저는 아저씨가 정말 훌륭한 것 같아요. 아저씨는 원래 거리 표지판을 닦는 청소부였죠? 그러다가 공부를 해서 똑똑해졌어요. 아저씨는 이제 사람들도 가르치고 유명해졌어요. 아저씨는 아주아주 행복한 사람이 되었어요.

아저씨의 이야기를 읽고 저도 무척 행복했어요. 저도 아저씨에게 많은 지식을 배우고 싶어요.

3 주인공의 이야기에서 무엇을 느꼈는지 써요.

참, 계속 표지판을 닦으실 거죠? 아저씨는 표지판 닦는 게 정말 좋은가 봐요. 그럼 나중에 또 쓸게요.

4 궁금한 점을 물어 보고 끝인사를 써요.

책이름	양파의 왕따 일기
지은이	문선이
출판사	파랑새어린이

정화언니 용기를 내요!

정화언니!

언니에게 할 말이 있어. 언니는 양파(양미희 파)에 들어가서 정선이 언니를 같이 왕따시키잖아. 그건 잘못이야. 그런데 언니도 잘못인줄 알면서 왜 용기를 내지 않았어? 나는 이게아주 잘못되었다고 생각해. 제일 나쁜 언니는 미희 언니이고, 그 다음은 그 친구들이고, 세 번째로는 언니야. 다음부터는 용기를 내서 절대 친구를 왕따시키지 마. 언니, 화이팅!

책이름	여우의 전화박스
지은이	도다 가즈요
출판사	크레용하우스

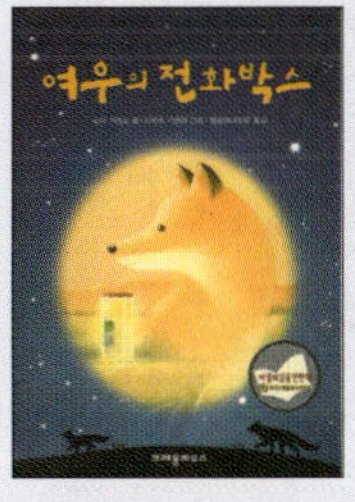

엄마 여우의 사랑

사내아이에게

사내아이야, 안녕? 너의 이름을 몰라서 그냥 책에 나온 대로 사내아이라고 부를게. 나는 너에게 할 말이 있어. 네가 마지막에 전화박스에서 엄마 한테 전화를 걸잖아. 그거 누가 도와준 건 줄 아니? 바로 엄마 여우야. 엄마 여우에게 고맙다고 말하고 싶지? 그런데 엄마 여우는 죽었어. 아마 도. 나는 이것이 너무 슬프고 속상해. 너도 이제 알게 되었으니까 엄마 여우를 위해 기도를 해 주었으면 해. 꼭해, 알았지!

칙칙폭폭, 이야기 달려간다! 이야기 차례대로 잇기

책 내용을 네 가지 이야기로 나눠 보세요. 그런 다음 각 이야기의 가장 중심적인 내용을 간추려 보세요. 그 내용을 쓰면 이야기 기차가 완성될 거예요.

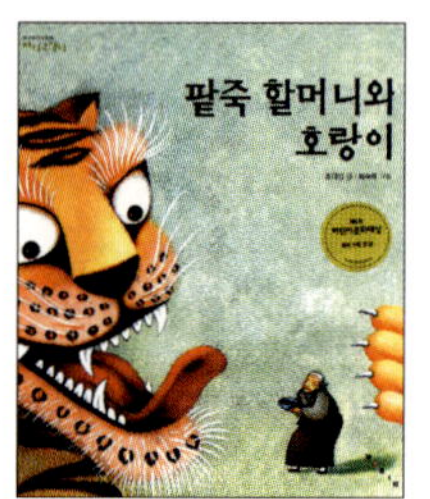

이렇게 써요

책이름	팥죽 할머니와 호랑이		
지은이	조대인	출판사	보림

1 책에 대한 기본 정보를 적어요.

2 제목을 써요

할머니 구하기

1 꼬부랑 할머니랑 호랑이가 밭매기 내기를 했어요.

2 호랑이가 이겨서 할머니를 잡아먹겠다고 하자 할머니가 팥죽을 쑤어 준다고 했어요.

3 이야기의 중요한 장면을 나누고, 각 장면에 해당하는 내용을 간단히 써요.

3 알밤, 자라, 개똥, 송곳, 멍석, 지게가 할머니를 도와준다고 했어요.

4 친구들이 호랑이를 물 속에 빠뜨려 할머니를 구했어요.

책이름	동강의 아이들
지은이	김재홍
출판사	길벗어린이

엄마 기다리기

1 동이와 순이는 강가로 엄마를 마중 갔어요.

2 순이는 엄마가 어디까지 왔는지 궁금해서 큰새와 아기곰에게 물었어요.

4 해님이 산 너머로 넘어갈 때 엄마가 오셨답니다.

3 순이는 아빠도 보고 싶었어요.

책이름	벙어리 꽃나무
지은이	윤대녕
출판사	미세기

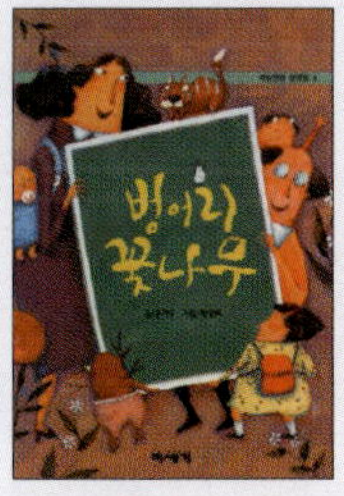

벙어리 꽃나무의 진짜 이름

1 꽃마을에 벙어리 꽃나무가 심겨졌어요.

2 개나리, 매화, 벚꽃우 다 피었는데 벙어리 꽃나무는 아직 안 피었어요.

4 큰비가 내린 다음 벙어리 꽃나무에서 꽃이 피었어요. 바로 진달래였답니다.

3 초롱방울이 와서 풍선을 주었어요.

느낌을 그림으로 그려봐~ 독서감상화 그리기

책을 읽고 가장 기억에 남는 장면을 떠올려 보세요. 그런 다음 책을 보지 않고 그 장면을 느껴 보며 그림으로 그려 보세요. 그리고 어떤 장면인지도 간단히 소개해 보세요.

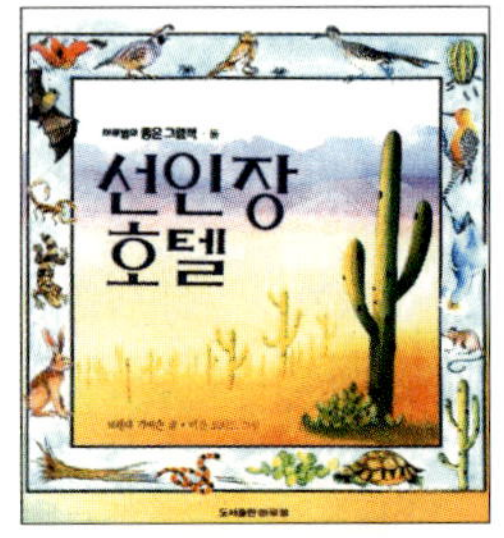

이렇게 써요

책이름	선인장 호텔		
지은이	브렌다 기버슨	출판사	마루벌

1 책에 대한 기본 정보를 적어요.

50살 된 선인장

2 제목을 써요.

3 느낌을 살려 기억에 남는 장면을 그려 보세요.

미국 사막에 있는 사구아로 선인장은 200년이나 산다. 이 장면은 사구아로 선인장이 50년 되었을 때 모습이다. 그때 엄마 키의 2배가 되면서 꽃이 피고 열매도 맺는다. 그리고 이 열매를 먹으러 동물들이 온다. 이때부터 조금씩 선인장 호텔이 되는 것이다.

4 그림이 어떤 장면인지 소개해요.

책이름	납작이가 된 스탠리
지은이	제프 브라운
출판사	시공주니어

스탠리의 신나는 모험

스탠리가 납작이가 되어서 편지봉투 안에 들어가 있는 장면이다. 스탠리처럼 납작이가 되면 정말 좋겠다. 그럼 납작하니까 종이 사이에도 낄 수 있고, 문틈으로도 들어갈 수 있기 때문이다.

책이름	이상한 나라의 숫자들
지은이	크라안 부부
출판사	분도

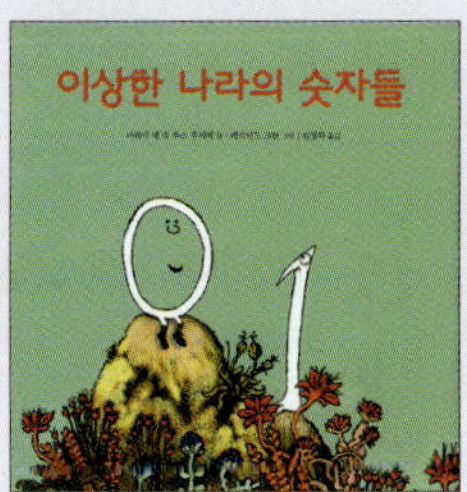

1과 0을 나란히 놓으면 10!

1은 친구를 찾으러 여행을 떠났어요. 가다가 0을 만났는데 아무 것도 아니라고 생각해서 그냥 지나갔어요. 그런데 2부터 9까지 다 만났는데도 친구가 될 만한 숫자가 없었어요. 그래서 다시 0을 만났어요. 1과 0이 친구가 된 그림이에요.

책 속 낱말 찾기~ 낱말 뜻풀이 쓰기

책을 읽다가 어려운 낱말이 나오면 어떻게 하나요? 먼저 앞말과 뒷말에서 힌트를 얻어 스스로 그 뜻을 생각해 보세요. 그래도 모르면 사전에서 찾아 독서록에 옮겨 봅니다.

이렇게 써요

책이름	화가 나는 건 당연해		
지은이	미셸린느 먼디	출판사	비룡소

1 책에 대한 기본 정보를 적어요.

공평, 감정, 직전, 곤란, 잠자코

2 제목을 써요.

- 공평 : 한쪽으로 기울지 않고 공정함.
- 감정 : 사물에 대해서 느껴서 일어나는 마음.
- 직전 : 일이 생기기 바로 전.
- 곤란 : 일의 처리나 살림살이가 매우 어려움.
- 잠자코 : 아무 말 없이 조용히.

3 어려운 낱말을 찾아 그 뜻을 정확하게 써요.

4 특별히 어려운 낱말이 무엇인지 써요.

'직전'이라는 말이 제일 어려웠다. 나는 처음에 그 말이 '직진'인 줄 알았다. 그런데 알고 보니 '일이 생기기 바로 전'이라는 뜻을 가진 '직전'이었다.

책이름	그림 보는 아이11. 집
지은이	바움 부쉬
출판사	비룡소

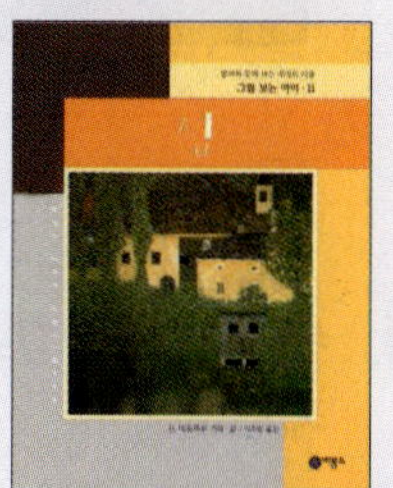

뜻풀이

- 윤곽 : 둘레의 선. 겉모양. 외모.
- 단출한 : 식구가 적어 홀가분한.
- 채색 : 그림 따위에 색을 칠함.
- 세공 : 잔손을 많이 들여 정밀하게 만드는 것.
- 전형 : 모범이 될 만한 본보기.

책은 아주 얇고 그림도 많은데 낱말은 어렵다. 책에 있는 그림들이 전부 어른들을 위한 그림이어서 그런 것 같다.

책이름	머리에 쏙쏙! 선조들의 공부법
지은이	우리누리
출판사	중앙M&B

어려운 말 뜻풀이

- 성화 : 몹시 조르거나 귀찮게 구는 일.
- 상투 : 예전에, 장가든 남자가 머리털을 끌어 올려서 정수리 위에 틀어 감아 매던 것.
- 명필 : 매우 잘 쓴 글씨.
- 연마 : 학문이나 기술을 연구하여 닦음.
- 낙방 : 시험에 떨어짐.

어려운 말이 정말 많이 들어 있는 책이었다. 그래도 책에 그 뜻이 조금 나와 있어서 다행이었다. 여기 적은 것은 책에 뜻이 안 나온 말이다.

자세한 느낌~ 일어난 일 순서대로 느낌 쓰기

먼저 사건이 일어난 순서를 생각하면서 줄거리를 간추려 보세요. 그 다음 각 사건에 대한 느낌을 써 봅니다. 그럼 좀 더 자세한 느낌을 쓸 수 있을 거예요.

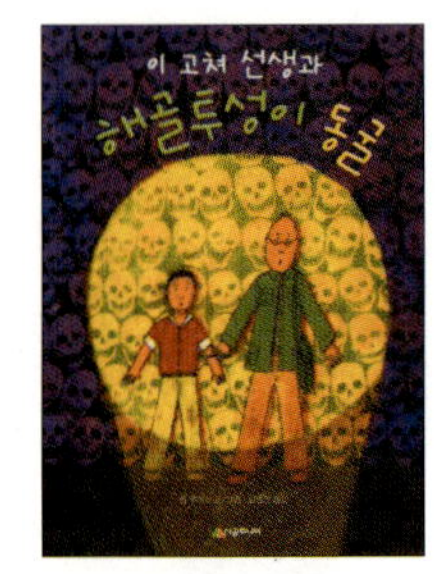

이렇게 써요

책이름	이 고쳐 선생과 해골투성이 동굴		
지은이	롭 루이스	출판사	시공주니어

착하고 똑똑한 이고쳐 선생님

1 치과의사 '이고쳐' 선생이 선장 '썩은 갑판'의 충치를 뽑아 주었다.

2 선장이 치료비 대신 충치를 주었는데 그 안에 보물지도가 들어 있었다.

3 보물 지도를 보고 배를 타고 동굴에 도착했는데 해골만 잔뜩 있었다.

4 보물을 찾아 무사히 집으로 돌아왔다.

선장이 나쁜 짓을 할까 봐 조금 무서웠다. 충치 안에서 보물 지도가 나올 때 두근거렸다. 동굴로 갈 때 썩은 갑판이 쫓아와 긴장됐다. 마음 착하고 똑똑하면 복을 받는 것 같다.

1 책에 대한 기본 정보를 적어요.

2 제목을 써요.

3 사건이 일어난 순서대로 중심 내용을 요약해요.

4 각 사건에 대한 느낀 점을 써요.

책이름	아름다운 파나마는 어디에 있나요?
지은이	야노쉬
출판사	여명

행복을 찾아서

1 아기곰과 아기호랑이가 강가에서 함께 살고 있었다.

2 강물에 떠내려가는 상자 속에서 '파나마'를 발견해 거기를 가자고 했다.

3 동물 친구들에게 파나마가 어디에 있는지 물어 봤는데 모른다고 했다.

4 아기곰과 아기호랑이가 찾은 파나마는 바로 옛날에 살던 집이었다.

편안하고 행복한 느낌이 났다. '파나마'가 어떤 곳인지 궁금했다. '파나마'가 진짜 있는지 의심이 갔다. 행복은 가까운데 있는 것 같다.

책이름	곱슬머리 내 짝꿍
지은이	조성자
출판사	푸른나무

짝꿍이 최고야

1 민성이는 반에서 제일 뚱뚱한 소미랑 짝이 되어 소미를 괴롭혔다.

2 민성이가 소미의 허벅지를 꼬집어도 소미는 화를 내지 않았다.

3 소미가 입원을 했다는 얘기를 듣고 민성이는 걱정이 되었다.

4 민성이는 소미에게 미안하다고 하고 둘은 사이가 좋아졌다.

민성이가 못됐다고 생각했다. 소미가 너무 참는 것 같아 답답했다. 민성이에게도 양심이 있는 것 같았다. 민성이가 소미에게 사과해서 참 좋았다.

나도 그런 적이 있었지~ 경험과 연관 지어 쓰기

책을 읽다 보면 나에게 일어났던 일과 비슷한 일이 나오는 경우가 있어요. 그러면 나와 주인공이 겪은 일을 비교하여 보고, 느낀 점도 써요.

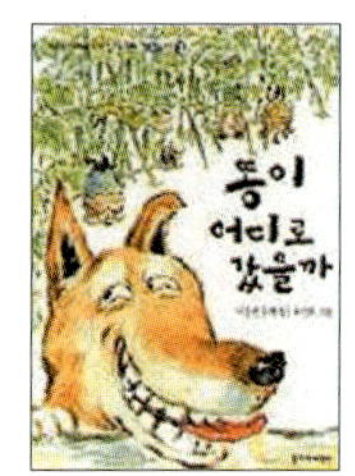

이렇게 써요

책이름	똥이 어디로 갔을까?		
지은이	이상권	출판사	창작과비평사

1 책에 대한 기본 정보를 적어요.

시우와 내가 똥 밟은 일

2 제목을 써요.

주인공에게 일어난 일 이 책에 나온 이야기 중에서 '개똥참외'의 시우에게 일어난 일이다. 시우는 학교 가는 길에 골목에 누가 싸 놓은 똥을 밟았다. 그래서 교실에 들어가니까 아이들이 똥 냄새가 난다고 막 놀렸다. 화장실에도 '시우는 똥쟁이'라고 써 있었다.

3 주인공에게 일어난 일과 나에게 일어난 일 중 비슷한 일 중심으로 써요.

나에게 일어난 일 나도 전에 학교 가는 길에 개똥을 밟았다. 그런데 바로 알았다. 밟았을 때 뭔가 물컹했기 때문이다. 나는 엄청 씩싹거리며 신발 바닥을 땅에 막 문질렀다. 그러자 조금 깨끗해졌다.

4 느낀 점을 써요.

개똥을 밟았을 때 나 혼자만 재수없다고 생각했는데, 시우도 똥을 밟은 걸 보면 자기도 모르게 누구한테나 재수 없는 일이 일어나나 보다.

책이름	일 년 내내 벌 받는 1학년
지은이	에블린 르베르그
출판사	주니어김영사

1학년 되기

주인공에게 일어난 일 레오는 이제 1학년이 되었다. 그래서 학교에 가야 하는데 누나가 학교는 무서운 곳이라고 해서 걱정이 되었다. 레오는 무기를 챙겨서 학교에 갔는데, 알고 보니 학교는 무서운 곳이 아니었다.

나에게 일어난 일 나도 1학년이 되었을 때 학교 가기가 싫었다. 그런데 엄마랑 아빠가 용기를 줘서 갔다. 지금은 학교가 참 재미있다.

책이름	아빠 사자와 행복한 아이들
지은이	아노쉬
출판사	시공주니어

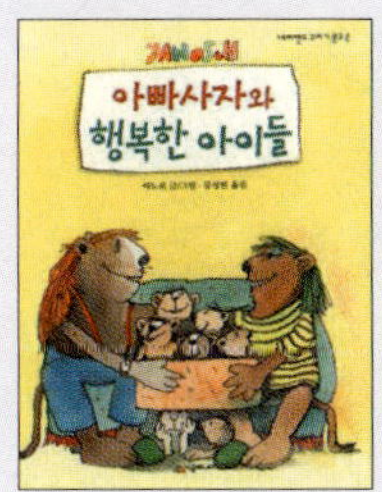

우리 아빠는 살림꾼

주인공에게 일어난 일 아빠 사자는 집에서 일을 한다. 바로 집안일이다. 그럼 누가 돈을 벌어 올까? 그건 엄마 사자다. 엄마 사자가 일을 나가면 아빠 사자가 집에서 빨래도 하고 청소도 하고 아이들도 돌본다.

나에게 일어난 일 우리 아빠도 회사에 안 가고 집에서 일한다. 우리 아빠는 작가이기 때문이다. 그런데 집안일도 한다. 엄마가 회사에서 늦게 오시기 때문이다.

4장

생각이 뭉게뭉게~
생각이 참신한 독서록 쓰기

책을 읽다 보면 이런 저런 생각들이 떠오를 거예요. 그런 생각들을 그냥 떠나가게 내버려 두지 말고 좀 더 깊이 있게 생각하여 독서록에도 써 봅니다. 대부분의 아이들은 생각하는 훈련이 제대로 되어 있지 않기 때문에 다짜고짜 생각한 걸 쓰라고 하기보다는 충분히 대화를 나눈 뒤 쓸 수 있도록 해요.

두 사람 비교! 나오는 사람 소개하기

책 속에 나오는 사람 중에서 기억에 남는 사람을 두 명 골라요. 그 사람들의 생김새와 특징을 간단히 그리고 소개하는 글을 써 보세요.

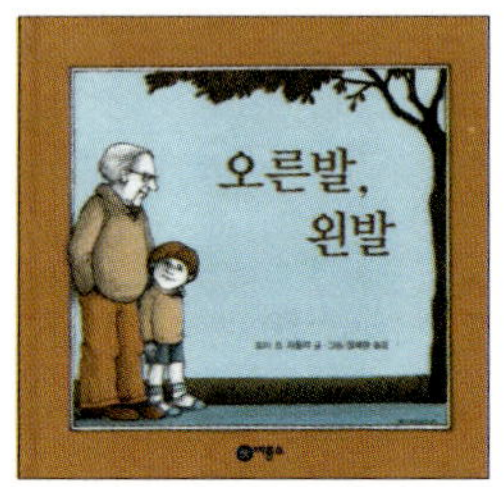

이렇게 써요

책이름	오른 발, 왼 발		
지은이	토미 드 파올라	출판사	비룡소

할아버지와 손자

할아버지는 무척 인자하시다. 보비와 함께 놀아주시고, 보비에게 걸음마도 가르쳐 주셨다. 그런데 뇌졸중으로 쓰러지셔서 입원을 했다.

뇌졸중으로 쓰러진 할아버지를 돌보는 착한 손자이다. 할아버지가 옛날에 걸음마를 가르쳐 주었던 것처럼 이번에는 보비가 걸음마를 가르쳐 드렸다.

1 책에 대한 기본 정보를 적어요.

2 제목을 써요.

3 책 속에서 두 인물을 선택하여 그림을 그려요.

4 각 인물에 대한 간단한 소개글을 덧붙여요.

책이름	우리 친구 하자
지은이	쓰쓰이 요리코
출판사	한림출판사

아름이와 새 친구

아름이는 이사를 와서 모든 것이 낯설었다. 그런데 아름이하고 친구가 되고 싶어하는 아이가 있어서 환하게 웃을 수 있었다.

제비꽃도 아름이에게 보내고, 민들레꽃 세 송이도 보내고, 편지도 보내서 아름이와 좋은 친구가 되었다.

책이름	기차 할머니
지은이	파울 바르
출판사	중앙출판사

울리와 재미있는 할머니

울리는 혼자서 여행도 가는 용감하고 의젓한 아이이다. 처음에는 할머니와 앉게 되어 실망했지만 재미있는 놀이도 하면서 친해졌다.

브뤼크너 할머니는 재미있는 놀이를 많이 안다. 말짓기 놀이, 거울놀이 등이다. 재미있는 이야기도 많이 아는 친근한 할머니이다.

생각의 그물 ❶ 인물에 대한 마인드맵 만들기

책 속 인물에 대한 여러 가지 정보를 모아 보세요. 한 일,
성격, 생김새, 나와 다른 점, 나와 닮은 점 등이에요.
이걸 생각 그물로 나타내 보세요.

이렇게 써요

책이름	마법의 설탕 두 조각		
지은이	미하엘 엔데	출판사	소년한길

1 책에 대한 기본 정보를 적어요.

2 제목을 써요.

렝켄에 대한 모든 것

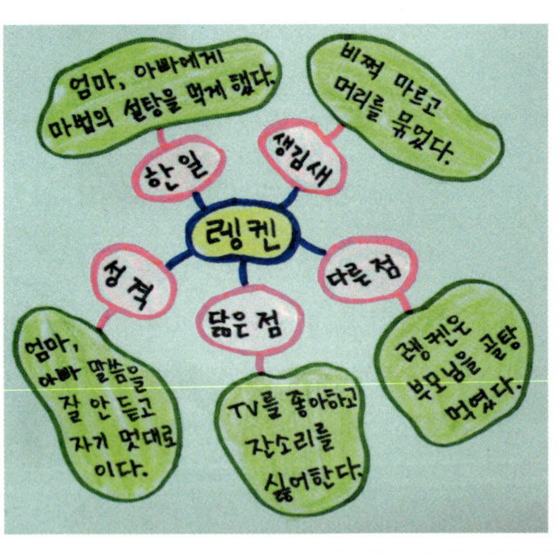

3 한 일, 성격, 생김새,
나와 다른 점과 닮은
점을 마인드맵으로
만들어요.

4 인물에 대한 생각을
써요.

렝켄은 이상하다. 아무리 엄마, 아빠의 잔소리가 싫다고
해도 어떻게 작아지게 만들 수 있을까? 나 같으면 절대 그런
일을 하지 않았을 거다.

책이름	사내대장부
지은이	C. 뇌스틀링거
출판사	비룡소

귀여운 프란츠

프란츠는 귀여운 남자아이다. 생김새도 귀엽고 생각도 귀엽다. 그런데 프란츠는 이걸 싫어한다. 남자니까 남자답게 보이고 싶은 게 당연하다.

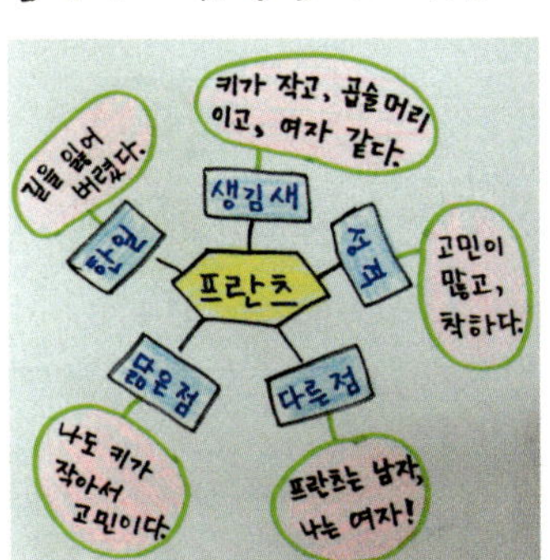

책이름	작은 생쥐와 큰 스님
지은이	디안느 바르바라
출판사	풀빛

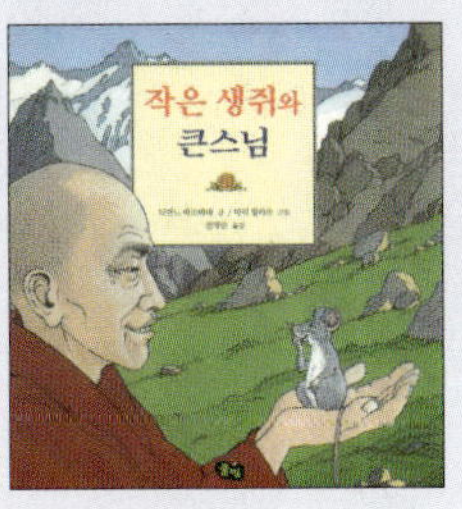

생쥐의 마음

모습이 달라져도 마음이 달라지지 않으면 그대로이다. 겁쟁이는 계속 겁쟁이가 되는 것이다. 마음을 바꿔 진짜 용감한 사람이 되어야겠다.

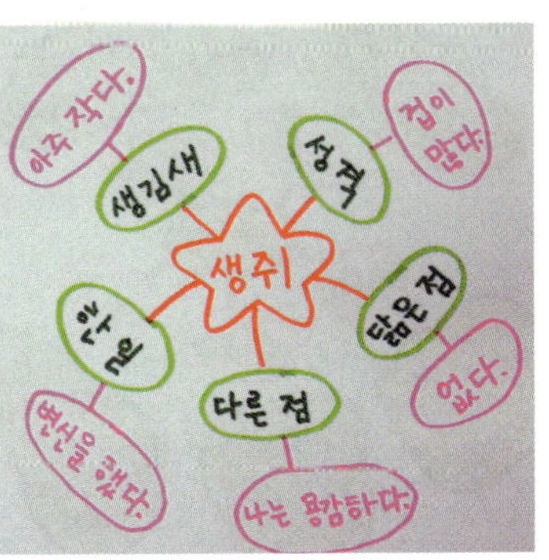

 # 궁금한 점이 많아요~ 등장인물 인터뷰하기

책 속 인물들에게 궁금한 점이 있지요? 직접 만나서 물어보면 좋겠지만 그럴 수 없으니 상상 인터뷰를 해 보세요. 궁금한 점을 질문하고 답도 직접 써 보세요.

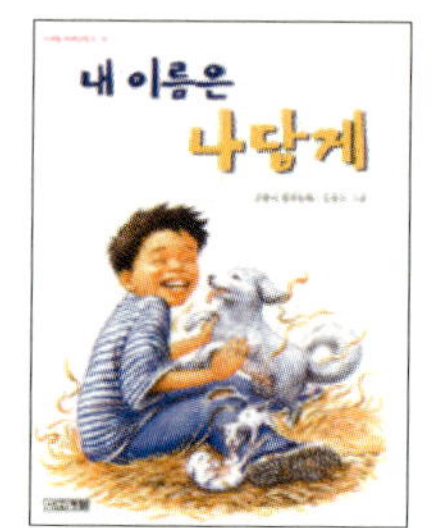

이렇게 써요

책이름	내 이름은 나답게		
지은이	김향이	출판사	사계절

나답게 가족 인터뷰

질문: 엄마를 생각하면 어떤 생각이 납니까?
나답게: 콜라를 먹었을 때처럼 콧속이 맵고 그리워져요.

질문: 엄마가 보고 싶나요?
나답게: 네, 많이요. 하지만 괜찮아요.

질문: 답게 종아리를 왜 때리셨어요?
할머니: 잘못 가르쳐서 남한테 손가락질 받게 해서요.

질문: 고모인데, 왜 답게 엄마라고 거짓말했어요?
고모: 답게한테도 엄마가 있다는 걸 아이들한테 알려
　　　주고 싶었어요.

1 책에 대한 기본 정보를 적어요.

2 제목을 써요.

3 등장인물들에게 궁금한 점을 물어보고 답도 써요.

책이름	깃털 없는 기러기 보르카
지은이	존 버닝햄
출판사	비룡소

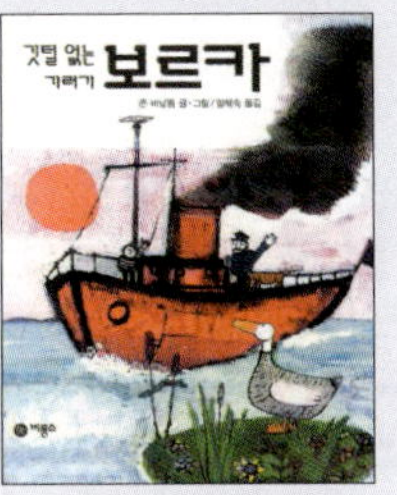

큐가든에서 만난 보르카

질문: 안녕하세요? 큐가든에는 어떻게 오게 되었나요?

보르카: 템즈강으로 가는 배를 타고 오게 되었습니다.

질문: 그럼 가족은 없나요?

보르카: 엄마, 아빠, 형제들이 있어요.

질문: 가족들은 어디 있나요?

보르카: 제가 깃털이 없어서 날 수 없으니까 저만 빼고 모두 따뜻한 곳으로 갔어요.

책이름	구렁덩덩 새선비
지은이	이경혜
출판사	보림

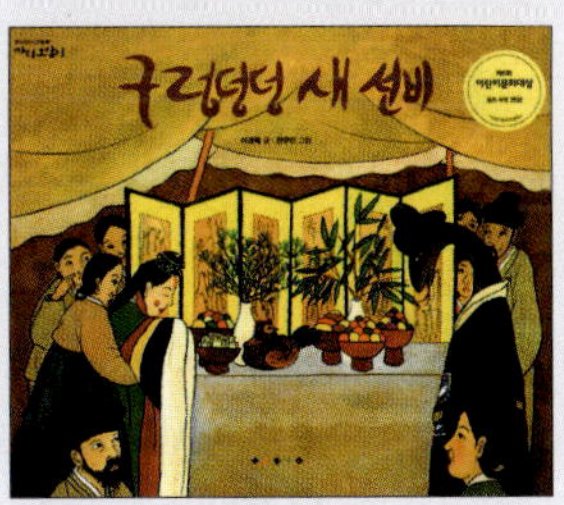

구렁이 각시가 털어놓은 속마음!

질문: 구렁이와 결혼했다고 들었는데 기분이 어땠나요?

각시: 사실 끔찍했어요. 하지만 결혼을 하지 않으면 구렁이가 저희 집을 괴롭힐 수 있으니까 결혼했어요.

질문: 정말 용감하시군요. 신랑이 무섭지는 않았나요?

각시: 전혀요. 알고 보니 구렁이 허물을 뒤집어쓴 거였어요. 아주 잘생기고 똑똑한 사람이었죠.

질문: 아기도 낳으실 건가요?

각시: 이제 사람이 되었으니 당연하죠. 우리는 오래오래 행복하게 살 거예요!

 # 아름다운 독서시와 그림~ 독서 시화 그리기

동시는 운율이 느껴지는 짧은 글을 말해요. 책을 읽고도 동시를 지을 수 있는데, 이때 책의 내용과 느낀 점, 생각한 점이 함께 들어가면 좋지요. 그리고 그림도 그려요.

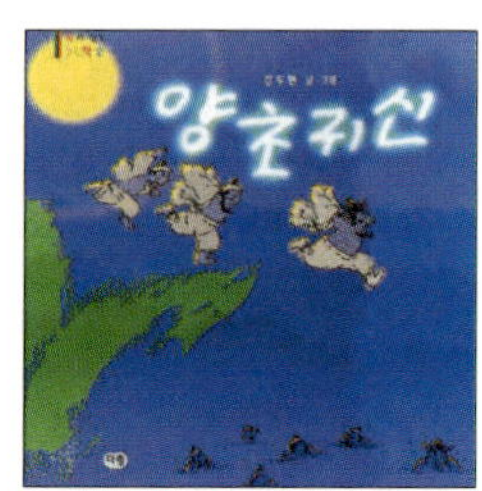

이렇게 써요

책이름	양초귀신		
지은이	강우현	출판사	다림

1 책의 기본 정보를 적어요.

2 제목을 써요.

3 느낀 점과 생각한 점을 담아 시로 나타내 보고 어울리는 그림도 그려요.

4 스스로 시화 작품을 평가해요.

양초가 무엇에 쓰는 물건인지 몰라서 허둥대는 것을 표현했다. 잘 쓴 것 같다.

책이름	뽀끼뽀끼 숲의 도깨비
지은이	이호백
출판사	재미마주

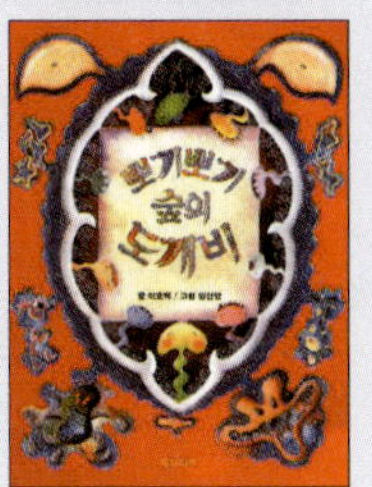

뽀끼뽀끼 뭉기뭉기

뽀끼뽀끼 숲과 뭉기
뭉기숲에 사는 도깨비에
대해서 썼 시 다.
쓰고 보니 도깨비가
정말 많다.

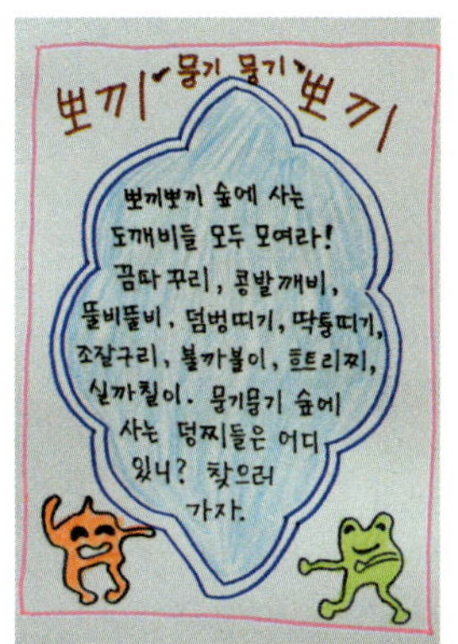

책이름	해치와 괴물 사형제
지은이	정하섭
출판사	길벗어린이

용감한 해치

해치가 괴물 사형제와
싸워서 이긴 이야기를
담았다. 해치가 용감
하다는 것이 느껴지는
것 같다.

나도 작가야~ 이야기 바꿔 쓰기

책을 읽다 보면 마음에 안 드는 구석이나, 다른 내용으로 바꾸고 싶은 부분이 나와요. 그럴 땐 상상력을 발휘하여 인물, 시간, 장소, 사건, 결말 등을 바꿔 보세요.

이렇게 써요

책이름	흥부전		
지은이	손연자	출판사	대교출판

1 책에 대한 기본 정보를 써요.

대박 난 흥부

2 제목을 써요.

형 놀부에게 쫓겨난 흥부와 흥부 가족은 어떻게 살아야 할지 몰라 막막했다. 그때 큰아들이 좋은 생각을 했다. 짚신을 만들어서 팔자는 것이었다. 흥부 가족은 모두 좋다고 했다. 그래서 그날부터 짚신을 만들어 팔았다.

흥부 가족이 만든 짚신은 튼튼하고 강해 사람들에게 인기가 많았다. 흥부 가족은 곧 많은 돈을 벌게 되었다. 그러자 임금님도 흥부네 가게에서 신발을 사 오라고 했다. 이 소식이 전해지자 전국에서 사람들이 몰려 왔다.

3 책 내용의 한 부분을 바꿔서 새로운 이야기로 지어 보아요.

4 결말을 써요.

이제 흥부 가족은 짚신 말고도 나막신, 꽃신, 고무신, 임금님 신까지 만들어 파는 아주 큰 회사가 되었다.

책이름	샌지와 빵집 주인
지은이	로빈 자네스
출판사	비룡소

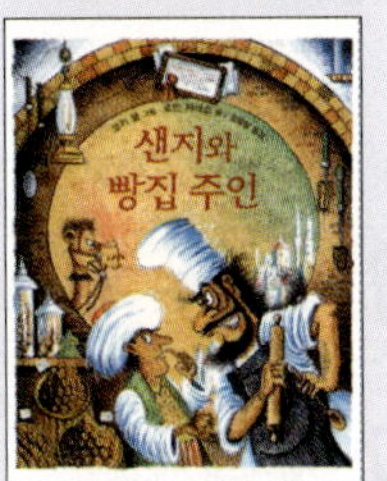

샌지가 소녀가 되었네

엄마가 없는 샌지 소녀는 작은 옥탑방으로 이사를 왔다. 주인집 아주머니는 엄마 없는 샌지를 잘 보살펴 주었다. 둘은 행복한 모녀가 되어 잘 살았다.

이 이야기는 원래 샌지라는 청년과 빵집 주인 아저씨의 이야기이다. 주인 아저씨가 샌지에게 빵 냄새를 맡았다고 돈을 내라고 했다. 현명한 재판관은 딸그락 땡그렁 동전 소리가 빵 냄새 값이라고 하면서 샌지를 구해 주었다.

책이름	백설공주
지은이	안데르센
출판사	예림당

청소가 좋아

사과 장수로 변장한 계모가 백설공주가 살고 있는 난쟁이 집으로 찾아왔어요. 백설공주는 청소를 하고 있었어요. 계모는 백설공주가 무척 행복해 보였어요.

그래서 자기가 왜 왔는지 깜빡하고 백설공주에게 청소를 돕고 싶다고 말했어요. 백설공주는 알겠다고 했죠. 둘은 함께 난쟁이 집을 청소했어요. 그러다가 이야기를 나누면서 마음이 통하게 되었어요.

계모는 잘못을 뉘우치고 백설공주에게 사실대로 말했어요. 백설공주도 계모를 용서했어요. 둘은 난쟁이 집을 아주 깨끗이 청소하고 함께 궁궐로 돌아갔답니다.

생각의 그물 ❷ 내용에 대한 마인드맵 만들기

주제, 중심소재, 제목 중에 한 가지를 가운데 쓰고 연상되는 낱말을 연결해서 줄거리 중심의 마인드맵을 만들어 보세요. 그리고 책에 대한 생각도 써 보세요.

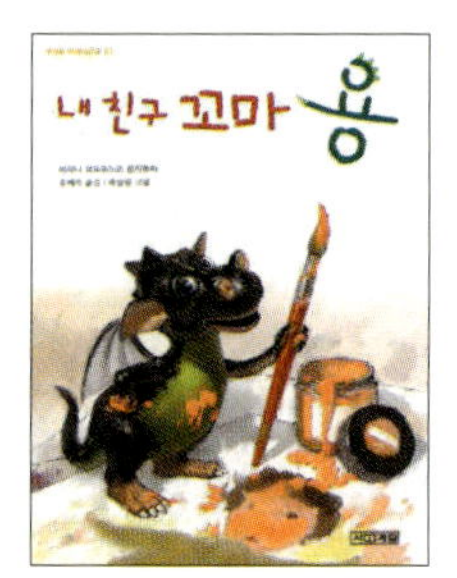

이렇게 써요

책이름	내 친구 꼬마 용		
지은이	이리나 코르슈노프	출판사	사계절

1 책에 대한 기본 정보를 써요.

2 제목을 써요.

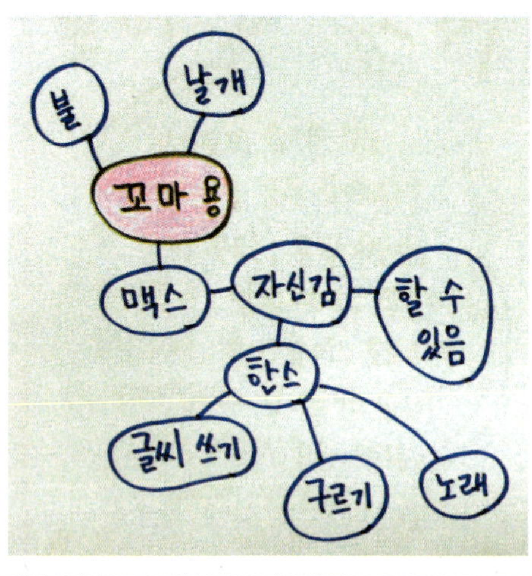

3 제목이나 글감, 주제를 가운데 쓰고, 연상되는 낱말을 연결해서 마인 드맵을 만들어요.

4 주제어와 내용에 대한 생각을 써요.

'자신감'은 아주 중요한 것이다. 자신감이 있어야 무엇이든 할 수 있고, 더 잘할 수 있다. 나도 자신감을 갖고 무엇이든 도전해 보아야겠다.

책이름	나는 책이야
지은이	김향이
출판사	푸른숲

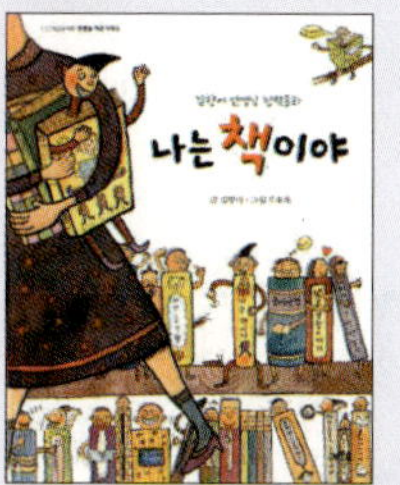

나는 책이야!

'나는 책이야'라는 책 제목은 웃기다. 그 책 안에 있는 이야기들도 다 재미있다. 이런 책이 좋은 책인 것 같다.

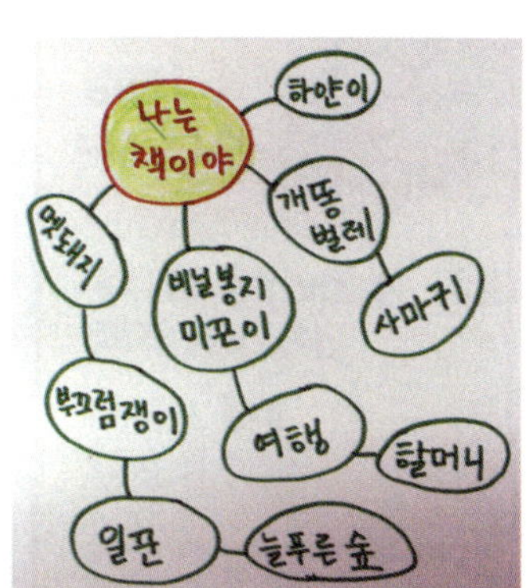

책이름	갯벌이 좋아요
지은이	유애로
출판사	보림

갯벌을 보호하자!

갯벌에는 사람은 안 살지만 다른 생물들이 아주 많이 산다. 그래서 갯벌을 보호해야 한다. 생명을 죽이는 것은 안 되기 때문이다.

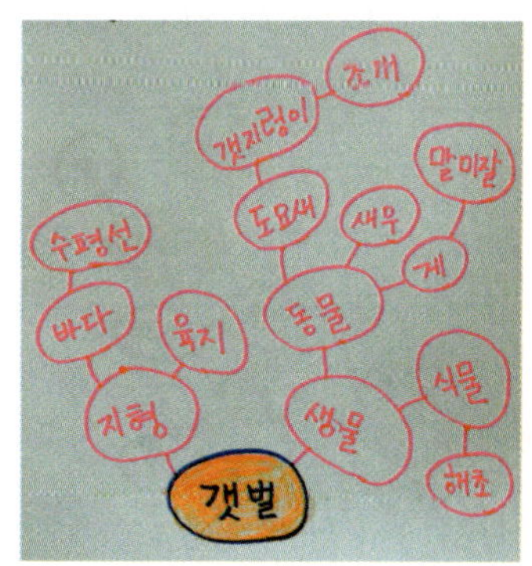

생각을 꼭 채워 볼까? 독서감상문 쓰기

독서감상문은 내용도 많고 형식도 정해져 있어요. 첫 부분에는 책을 읽게 된 동기를 쓰고, 그 다음 줄거리, 기억에 남는 장면과 이유, 생각한 점, 느낀 점을 차례로 씁니다.

이렇게 써요

책이름	이 소리 들리니?		
지은이	조은수	출판사	길벗어린이

1 책에 대한 기본 정보를 써요.

그림 속에 담긴 소리

2 제목을 써요.

책 제목이 특이해서 읽게 되었다. 책은 눈으로 읽는 건데, 제목이 〈이 소리 들리니?〉니까 안 맞는다고 생각해서이다.

책을 펼쳐 보니 옛날 그림들이 가득 있었다. 그런데 모두 어떤 소리가 나는 것 같은 그림들이었다. 새가 있는 그림, 동물들이 있는 그림, 폭포 그림, 갈매기 그림, 파도 그림 등이다. 그래서 제목을 이렇게 썼나 보다.

3 책을 읽게 된 동기와 줄거리를 써요.

이 중에서 폭포 그림이 제일 기억에 남는다. 정말 우렁찬 폭포 소리가 들리는 것 같다. 그림인데도 소리가 나는 것처럼 상상되니까 참 신기했다. 그리고 우리 옛날 그림들이 조용한 것 같은데 많은 이야기를 담고 있다는 생각이 들었다.

4 기억에 남는 장면과 이유, 느낀 점 등을 써요.

책이름	우리들만의 작은 집
지은이	하이드룬 페트리데스
출판사	크레용하우스

한스와 피터의 집

나는 건축가가 꿈이다. 그래서 '집'이 들어간 책을 보면 다 읽는데, 이 책도 제목에 '집'이 있어서 읽게 되었다.

키다리 한스는 다락방에 살아서 사람들을 볼 수 없고, 작다리 피터는 지하방에 살아서 하늘과 구름을 볼 수 없다. 그래서 둘은 숲 속에 있는 낡은 집을 고쳐서 예쁜 집을 지었다.

아직 어른이 아닌데도 집을 직접 짓는 것이 근사하다. 나도 나만의 집을 짓고 싶다. 꼭 건축가가 되어서 나만의 집을 지을 것이다.

책이름	에밀은 사고뭉치
지은이	아스트리드 린드그렌
출판사	논장

사고뭉치 에밀의 못말리는 이야기

나는 재미있는 책을 좋아한다. 이 책도 재미있을 것 같아서 읽어 보았는데, 정말 재미있었다.

에밀은 사고뭉치다. 수프 단지 바닥에 있는 수프를 핥아먹으려다가 단지에 머리가 끼어 병원에 갔는데, 의사선생님한테 인사를 하다가 단지가 쪼개져 머리가 나오게 되었다.

에밀의 장난은 재미있지만 조금 위험한 것 같다. 위험하지 않고, 남에게 피해도 주지 않는 장난을 쳐야 한다.

그래, 결심했어! 나의 결심 쓰기

주인공이 착한 일, 용기 있는 일, 신나는 일 등을 하면 나도 주인공처럼 해 보고 싶은 마음이 생겨요. 주인공을 통해 새롭게 결심한 내용을 써 보세요.

이렇게 써요

책이름	까마귀의 소원		
지은이	하이디 홀더	출판사	마루벌

1 책에 대한 기본 정보를 써요.

어려운 사람을 돕자

2 제목을 써요.

인상적인 내용 까마귀가 덫에 걸린 백조를 구해 주고 소원을 들어주는 별가루를 받았다. 그런데 자기 소원을 빌지 않고 어려움에 빠진 동물들을 구해 주는 데 썼다. 별가루를 다 쓴 줄 알았는데, 한 알이 있어서 까마귀도 소원을 빌었다.

3 주인공에게 일어난 인상적인 내용을 쓰고, 그를 통해 어떤 결심을 했는지 써요.

나의 결심 까마귀는 남을 위해서 별가루를 썼다. 그랬더니 복을 받았다. 자기 소원도 다 이루어졌기 때문이다. 까마귀는 젊어졌고, 부자가 되었고, 아내를 얻었다. 나도 까마귀처럼 먼저 남을 돕겠다고 다짐했다.

4 다짐을 어떻게 실천할지 써요.

남을 돕기 위해서는 그 사람이 어떤 도움이 필요한지 알고 도와야 한다. 어려운 사람들에게 어떤 도움이 필요한지 물어보고 도울 거다.

책이름	그림 그리는 아이, 김홍도
지은이	정하섭
출판사	보림

나의 꿈은 가수

인상적인 내용 김홍도는 어렸을 때부터 그림 그리는 것을 아주 좋아했다. 그런데 아버지가 하지 못하게 했다. 그 이유는 그림 그리는 일은 천한 일이기 때문이다. 천한 일이란 좀 낮고 하찮은 일을 말한다. 그래도 김홍도는 포기하지 않고 노력해서 아주 훌륭한 화가가 되었다.

나의 결심 나의 꿈은 가수가 되는 것이다. 우리 아빠도 나의 꿈을 반대한다. 하지만 나는 김홍도처럼 포기하지 않고 열심히 노력해서 꼭 가수가 되겠다. 이것이 나의 다짐이다.

책이름	돼지책
지은이	앤서니 브라운
출판사	웅진주니어

엄마를 돕자

인상적인 내용 이 책을 다 읽고 나는 조금 충격을 받았다. 엄마가 집을 나갔기 때문이다. 엄마가 혼자서만 하니까 너무 속상해서 집을 나간 것이다. 엄마는 "너희들은 돼지야."라고 쓴 쪽지만 남기고 나갔다. 나중에는 아빠랑 아이들이 반성해서 엄마가 돌아왔다.

나의 결심 나도 엄마의 일을 앞으로 잘 도와드리겠다. 우리 엄마도 가끔 "내가 청소하는 기계냐?"하고 화를 내신다. 내가 안 도우면 엄마도 돼지책의 엄마처럼 집을 나갈 수 있다. 그 전에 미리미리 돕고 내 일은 내가 해야겠다.

5장

개성이 톡톡~
손에 잡히는 독서록 쓰기

지금까지 썼던 방법들을 모두 적용하여 자유롭게 독서록을 써 보세요. 아이가 독서록 쓰기의 방법과 형식을 제대로 구사하는지 확인해 보고, 만약 미숙한 부분이나 서툰 부분, 생각의 전개가 막히는 부분이 있다면 다시 한 번 조언을 해 주세요. 책을 읽고 난 후의 감상을 여러 가지 형식으로 표현할 수 있어야 비로소 독서록 쓰기가 자리 잡혔다고 말할 수 있답니다.

- 내가 책 속에 나오면~ 나오는 이 되어 보기

- 이 사람을 칭찬합니다! 상장 만들기

- 진짜 이야기는 지금부터 시작~ 뒷이야기 상상하기

- 개성만점 주인공 소개~ 주인공 그리기

- 세 줄로 된 책 소개~ 독서 삼행시 짓기

- 이 책 한번 읽어 볼래? 책 추천하기

- 톡톡 튀는 나의 개성~ 만화로 그리기

- 자, 내 선물을 받아~ 주인공에게 선물 주기

내가 책 속에 나오면~ 나오는 이 되어 보기

책 속 주인공이 된다면 가장 먼저 무엇을 하고 싶나요?
책을 읽고 등장인물의 행동 중 마음에 들지 않거나 고쳐 보고
싶은 행동을 쓰고, 나라면 어떻게 했을지 써 보세요.

이렇게 써요

책이름	개구리와 두꺼비가 함께		
지은이	아놀드 로벨	출판사	비룡소

1 책에 대한 기본 정보를 적어요.

내가 두꺼비라면

2 제목을 써요.

두꺼비랑 개구리는 친구이다. 그런데 개구리는 꼭
형 같고 두꺼비는 동생 같다. 착한 동생은 아니고 약간
제멋대로이고 찡찡 짜는 동생 말이다. 개구리는 긍정
적인데 두꺼비는 좀 부정적인 것 같기도 하다.

　　나는 두꺼비의 찡찡 짜는 모습이 마음에 안 든다.
두꺼비는 계획표를 쫓아가는 것이 계획표에는 없다고
찡찡 짜고 울기만 했다.

3 등장인물의 행동 중 마음에 들지 않는 행동을 지적해요.

나라면 계획표에 들어 있지 않아도 엄청 빨리 뛰어가서
계획표를 잡았을 것이다. 그리고 계획표에 해야 할 일만
쓰지 않고 당연히 다른 것도 쓸 것이다.

4 나라면 어떻게 할지 써요.

책이름 거꾸로 보는 텔레비전

지은이 김남길

출판사 문공사

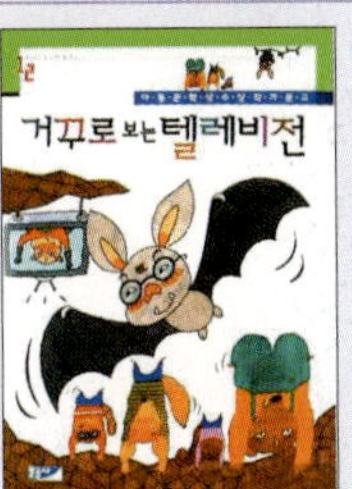

내가 투덜이 박쥐라면

등장인물의 행동 투덜이 박쥐는 불평이 정말 많다. 마음에 드는 게 하나도 없다. 박쥐끼리 모여 사는 것도 불만이고, 동굴이 캄캄한 것도 불만이다. 그 중 냉장고, 세탁기, 선풍기를 모두 같이 사용하는 것이 제일 불만이다.

나라면 내가 투덜이 박쥐라면 불평을 안 할 것이다. 불평을 하면 자기만 손해이다. 자기만 짜증이 나고 기분이 나쁘기 때문이다. 나라면 친구들하고 즐겁게 함께 살 것이다.

책이름 갑수는 왜 창피를 당했을까

지은이 노경실

출판사 계림북스쿨

거짓말은 안 된다

등장인물의 행동 이 책에 있는 이야기 중에서 〈딱 한 마디 때문에〉에 나오는 승규는 거짓말을 했다. 엄마가 아파서 숙제를 못 했다고 말이다. 그런데 한번 하니까 계속 하다가 결국 들통났다.

나라면 내가 승규라면 당연히 거짓말을 안 할 거다. 숙제를 못 했으면 못 했다고 얘기할 거다. 얼른 야단맞는 게 마음이 편하기 때문이다.

# 이 사람을 칭찬합니다! 상장 만들기

등장인물의 행동이나 말 중에서 칭찬할 만한 점이 있나요?
용기 있는 행동, 남을 돕는 행동, 노력하는 태도 등을 찾아
칭찬하는 표창장을 만들어 보세요.

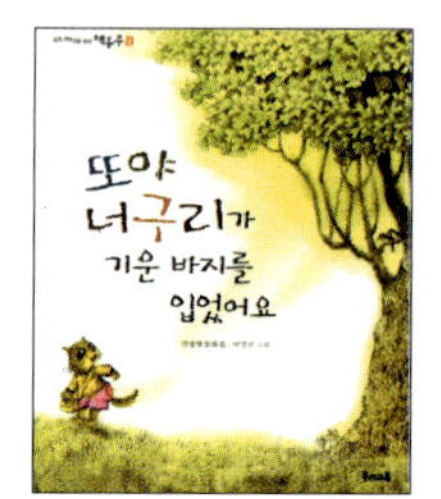

이렇게 써요

책이름	또야 너구리가 기운 바지를 입었어요		
지은이	권정생	출판사	우리교육

1 책에 대한 기본 정보를 적어요.

또야 너구리를 칭찬합니다!

2 멋진 제목을 붙여요.

3 상을 받는 사람의 이름과 칭찬할 만한 점을 세 가지 정도 써요.

4 상을 주는 이의 이름을 써요.

책이름	칠판 앞에 나가기 싫어
지은이	다니엘 포세트
출판사	비룡소

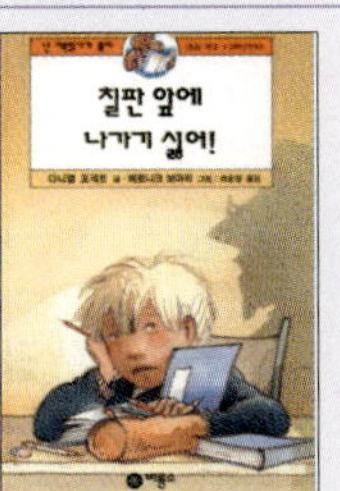

당당 표창장

표창장

이름 : 에르반

위 사람은 다음과 같은 좋은 일을 하였기에 표창장을 수여합니다.

첫째, 용감하게 칠판 앞에 나갔습니다.
둘째, 친구들 앞에서 구구단을 잘 외웠습니다.
셋째, 새 선생님을 걱정하는 마음이 있습니다.

서초초등학교 1학년 김소영

책이름	짜장, 짬뽕, 탕수육
지은이	김영주
출판사	재미마주

재치를 칭찬합니다!

표창장

이름 : 종민이

위 사람은 다음과 같은 좋은 일을 하였기에 표창장을 수여합니다.

첫째, 재치가 있습니다.
둘째, 친구들과 사이좋게 지내려고 노력합니다.
셋째, 친구들에게 재미있는 놀이를 가르쳐 주었습니다.

서호초등학교 1학년 홍순자

진짜 이야기는 지금부터 시작~ 뒷이야기 상상하기

책을 다 읽고 나서 뒷이야기가 궁금해질 때가 있을 거예요.
그 후 주인공은 어떻게 되는지, 무슨 일이 더 일어나는지
궁금하다면 직접 뒷이야기를 상상하여 지어 보세요.

이렇게 써요

책이름	빨강 풍선		
지은이	알베르 아모리스	출판사	분도

1 책에 대한 기본 정보를 적어요.

한국에 온 파스칼

2 제목을 써요.

파스칼은 풍선을 타고 오다가 아주아주 높은 빌딩에 '쿵'하고 부딪혔어요.

알고 보니 그 빌딩은 한국에 있는 63빌딩이었어요.
마침 서호초등학교 어린이들이 63빌딩 수족관에 구경
왔다가 파스칼을 보았어요. 어린이들은 파스칼처럼
풍선을 타고 싶었어요.

3 주인공에게 어떤 일이 일어났고, 누구를 만났는지 상상해서 써요.

그래서 파스칼에게 졸라서 차례대로 풍선을 탔답니다.
파스칼은 그 동안 63빌딩을 구경했어요.

4 이야기를 마무리해요.

서호초등학교 어린이들은 파스칼을 학교로 초대했어요.
파스칼은 새 친구들이 생겨서 몹시 기분이 좋았답니다.

책이름	할머니가 남긴 선물
지은이	마거릿 와일드
출판사	시공주니어

사장님이 된 손녀 돼지

손녀 돼지는 기분이 이상했어요. 할머니가 돌아가시고 혼자 살아야 하니까 걱정도 되었어요.

"이제 어떻게 하지?"

손녀 돼지는 곰곰이 생각하다가 수프를 만들어 팔기로 했어요. 예전에 할머니도 손녀 돼지의 수프를 매우 칭찬했거든요. 손녀 돼지가 만든 수프는 마구마구 팔렸어요.

이제 손녀 돼지는 수프 가게의 사장님이 되어 행복하게 살았답니다.

책이름	탁탁, 톡톡, 음매~ 젖소가 편지를 쓴대요
지은이	도린 크로닌
출판사	주니어랜덤

오리의 편지

농장 주인 브라운 아저씨는 타자기가 오기를 기다렸어요. 그런데 오지 않았어요.

'어떻게 된 거지? 젖소들이 거짓말을 했나?'

그때 무언가 툭 떨어지는 소리가 났어요. 아저씨는 얼른 문을 열어 보았어요. 거기엔 오리가 쓴 편지가 있었어요. 알고 보니 타자기는 오리한테 가 있었던 거예요. 할 수 없이 브라운 아저씨는 오리의 소원도 들어 주었어요. 그건 바로 연못에 다이빙대를 놓는 것이었답니다.

개성만점 주인공 소개~ 주인공 그리기

지금까지 읽은 책 중에서 가장 기억에 남는 주인공은 누구인가요? 어떤 모습이 기억에 남는지 그 부분을 강조하여 개성 있게 그려 보세요. 그리고 주인공을 소개하는 글도 써 보세요.

이렇게 써요

책이름	내 짝꿍 최영대		
지은이	채인선	**출판사**	재미마주

1 책에 대한 기본 정보를 적어요.

2 제목을 써요.

3 주인공의 모습을 개성 있게 그려요.

최영대는 공부도 잘 못하고 좀 더럽고 말도 잘 안 한다. 그래서 왕따를 당했는데, 나중에는 친구들이 영대를 받아줬다.

4 주인공에 대해 소개해요.

책이름	반쪽이
지은이	이주혜
출판사	시공주니어

천하장사 반쪽이

반쪽이는 몸이 반쪽 밖에 없다. 그런데 힘이 아주 세다. 그래서 괴물을 물리치고 부잣집 처녀를 구해서 결혼을 했다.

책이름	비나리 달이네 집
지은이	권정생
출판사	낮은산

생각하는 강아지 달이

달이는 세 발 강아지이다. 그런데 말도 하고 아빠도 있다. 아빠는 사람이다. 달이는 똑똑한 것 같다. 생각도 많고 전쟁이 나쁜 것인 줄도 안다.

 # 세 줄로 된 책 소개~ 독서 삼행시 짓기

책을 읽고 인물이나 책제목, 내용과 관련 있는 세 글자로 된 낱말을 떠올려 보세요. 이 낱말의 글자들을 첫 글자로 하여 내용이나 느낌이 잘 드러나도록 삼행시를 지어 보세요.

이렇게 써요

책이름	피터팬		
지은이	제임스 배리	출판사	예림당

1 책에 대한 기본 정보를 적어요.

모험심 많은 피터 팬

1
모 : 모험심이 많은 피터팬과 친구들!
험 : 험상궂은 해적 후크 선장을
심 : 심심풀이 땅콩처럼 간단히 혼내 주었네!

2
모 : 모두 겁내지 마!
험 : 험난한 일이 아니야.
심 : 심각한 일도 아니야, 피터가 있으니까!

2 제목을 써요.

3 낱말을 선택하여 삼행시를 지어요.

4 왜 그 낱말을 선택했는지 써요.

피터 팬 책은 모험에 대한 이야기이다. 그래서 '모험심'이라는 낱말을 골라 삼행시를 지었고, 해적 후크를 물리치는 내용을 표현했다.

책이름	만년샤쓰
지은이	방정환
출판사	길벗어린이

방정환 선생님과 창남이

방 방정환 선생님은 어린이들의 친구~
정 정말 좋은 책을 많이 쓰신 분이죠.
환 환상적이지는 않지만 감동적이에요.
〈만년샤쓰〉처럼요~

〈만년샤쓰〉를 지은 분은 방정환 선생님이다. 가난한 창남이가 이웃들에게 옷을 주어서 자기는 내복도 안 입고 다니는 이야기이다.

책이름	고맙습니다, 선생님
지은이	페트리샤 폴라코
출판사	아이세움

고맙습니다, 선생님!

책 책을 못 읽는 트리샤가 드디어
읽 읽게 되었어요! 그러자
기 기뻐서 눈물이 났답니다.

트리샤는 책을 못 읽어서 친구들한테 놀림을 받는데, 폴커 선생님이 가르쳐 줘서 이제는 잘 읽는다.

이 책 한번 읽어 볼래? 책 추천하기

재미있게 읽은 책이 있으면 친구들이나 선생님께 추천해 주고 싶어요. 어떤 점이 재미있는지, 왜 이 책을 읽어야 하는지 책 소개하는 글을 써 보세요.

이렇게 써요

책이름	아름다운 가치 사전		
지은이	채인선	출판사	한울림어린이

1 책에 대한 기본 정보를 적어요.

착한 어린이 되는 법

2 제목을 써요.

〈아름다운 가치 사전〉이라는 책을 읽어 볼래?

이 책은 동화책도 아니고 과학책도 아니고, 역사책도 아니야. 이 책은 좋은 말들이 많이 들어 있는 책이야. 하지만 사전도 아니야. 제목에는 '사전'이라는 말이 들어가 있지만 지루하거나 딱딱하지 않아. 그림도 많고 글씨도 커서 잘 읽을 수 있단다.

이 책에는 24가지 아름다운 말이 들어 있어. 감사, 겸손, 공평, 관용, 마음 나누기, 믿음, 배려, 보람, 사랑, 성실…. 나머지는 찾아보렴.

3 책에 대해 간단히 소개해요.

이 책을 읽으면 마음이 아주 착해질 거야. 그러면 이 세상도 아름다워질 것이고, 더 살기 좋은 곳이 될 거야.

4 책을 왜 읽어야 하는지 써요.

책이름	내게는 소리를 듣지 못하는 여동생이 있습니다
지은이	피터슨
출판사	중앙출판사

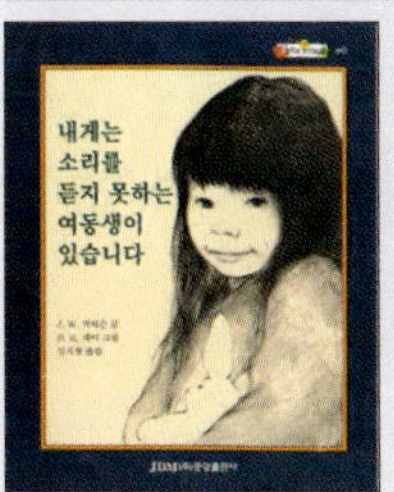

소리를 듣지 못하는 동생 이야기

이 책에 나오는 동생은 소리를 듣지 못한다. 그러니까 말도 잘 못한다. 그렇지만 예쁘고 아주 착하다.

만약 소리를 듣지 못하는 장애인에 대해 알고 싶고, 가족 간의 사랑에 대해 느끼고 싶으면 꼭 이 책을 읽어야 한다. 그런데 동생이 소리를 듣지 못해서 좋은 점이 있다. 번개나 천둥이 쳐도 놀라지 않고 잘 수 있고, 소리 없이 텔레비전을 볼 수도 있다.

이 책을 읽으면 장애인에 대해서 알게 되고 사랑하는 마음이 생길 것이다.

책이름	멋진 여우 씨
지은이	로알드 달
출판사	논장

멋진 여우 씨의 통쾌한 이야기

최고로 재미있는 책을 소개하고 싶다. 바로 〈멋진 여우 씨〉이다. 로알드 달이라는 아저씨가 쓴 책인데 정말 재미있고 통쾌하다. 그래서 어린이라면 누구나 이 책을 좋아하고 재미있어 할 것이다.

이 책은 영리한 여우 씨가 고약한 세 농부에 대항해서 식료품 지장창고를 얻는 이야기이다. 세 농부의 모습과 성격, 행동이 정말 못되어서 책을 읽는 사람은 누구나 여우 씨 편이 될 것이다.

톡톡 튀는 나의 개성~ 만화로 그리기

많은 아이들이 만화를 좋아해요. 만화 주인공은 개성이 넘치고 말투도 톡톡 튀지요. 책을 읽고 주인공을 개성 있는 모습으로 그려서 한 가지 사건을 만화로 나타내 보세요.

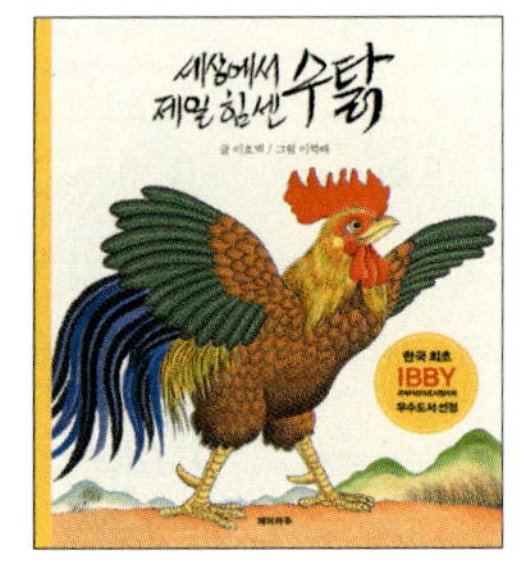

이렇게 써요

책이름	세상에서 제일 힘센 수탉		
지은이	이호백	출판사	재미마주

1 책에 대한 기본 정보를 적어요.

2 책 속 사건 중에서 기억에 남는 사건을 4컷 만화로 그려요.

힘이 센 수탉이 젊은 수탉에게 져서 속상해서 매일 술을 먹는 것이 재미있어서 만화로 그려 보았다.

3 어떤 장면인지 간단히 써요.

책이름	나쁜 어린이표
지은이	황선미
출판사	웅진주니어

나쁜 어린이표는 싫어!

건우가 나쁜 어린이표를 전부 화장실 변기통에 버리는 내용이 재미있었다.

책이름	화요일의 두꺼비
시은이	러셀 에릭슨
출판사	사계절

워턴과 조지의 우정

두꺼비 워턴은 마음이 착하고 용감하다. 올빼미 조지는 이기주의자이다. 그런데 워턴이 착하게 구니까 조지가 마음을 열고 둘이 친구가 되었다.

# 자, 내 선물을 받아~ 주인공에게 선물 주기

주인공에게 선물을 준다면 어떤 선물을 주고 싶은가요? 주인공이 마음에 들 만한 선물을 정해서 왜 주고 싶은지 이유와 함께 써 보세요.

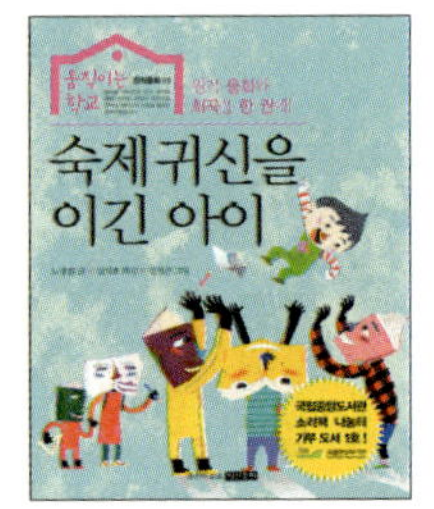

이렇게 써요

책이름	숙제 귀신을 이긴 아이		
지은이	클로드 부종	출판사	사계절

1 책에 대한 기본 정보를 써요.

잠깨는 약 선물

2 제목을 써요.

우주는 숙제를 거의 안 한다. 그래서 어느 날은 엄마한테도 혼이 났다. 그래도 또 숙제를 안 한다. 그날은 하려고 했는데 너무 졸렸기 때문이다. 이번에는 학교에서 청소까지 하고 희진이한테 놀림도 받아서 꼭 하겠다고 다짐한다. 그런데 또 잠이 들어 버렸다. 우주는 꿈 속에서 숙제 귀신을 만나고, 숙제 귀신을 이겨서 나중에는 숙제를 잘하는 아이가 됐다.

3 어떤 선물을 주고 싶은지 선물을 정하고, 이유도 써요.

나는 우주에게 '잠 깨는 약'을 선물로 주고 싶다. 이제 우주는 숙제를 잘하게 되었지만, 언젠가 또 잠이 올 수도 있기 때문이다.

4 선물을 받고 주인공의 기분이 어떨지 써요.

우주가 '잠 깨는 약'을 받으면 분명 기뻐할 것이다. 그 약만 있으면 앞으로 절대 잠을 자서 숙제를 못 하는 일은 없을 테니까 말이다.

책이름	잔소리 없는 날
지은이	안네마리 노르덴
출판사	보물창고

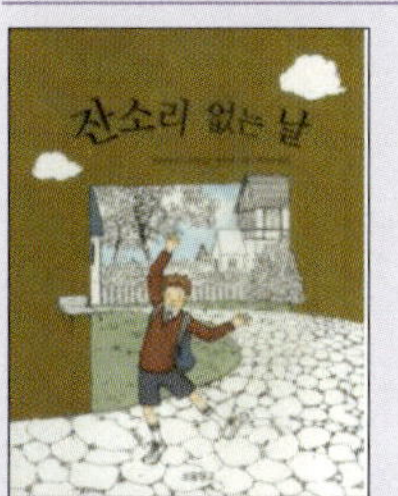

귀마개 선물

푸셀은 엄마, 아빠의 잔소리를 싫어한다. 그래서 어느 날 엄마한테 '잔소리 없는 날'을 만들자고 말했다. 엄마도 알겠다고 해서 잔소리 없는 날을 보내게 되었다. 나중에 잔소리가 아주 조금은 필요하다는 걸 알게 되었다.

나는 푸셀에게 귀마개를 선물도 줄 거다. 푸셀은 잔소리를 싫어하니까 귀마개를 하고 있으면 안 들을 수 있기 때문이다.

책이름	아름다운 책
지은이	클로드 부종
출판사	비룡소

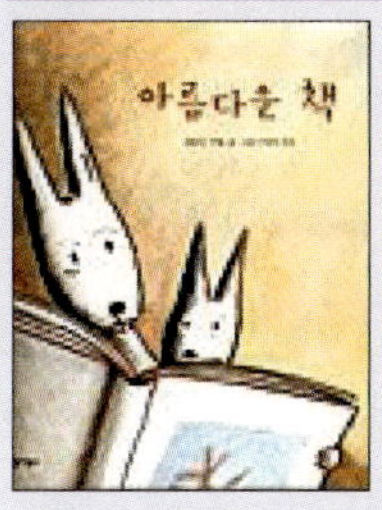

아름다운 책 선물

에르네스트와 빅토르는 토끼인데, 책도 좋아하고 잘 읽는다.

어느날 여우가 나타났을 때 책을 여우 주둥이에 쿡 쑤셔 박아서 물리쳤다. 그런데 여우가 책을 입에 문 채 도망쳐서 책도 함께 없어졌다.

그래서 나는 두 토끼에게 책을 선물로 주고 싶다. 그 책은 에르네스트와 빅토르가 주인공인 바로 이 책, <아름다운 책>이다.

부록

★ 원고지 쓰기와 10칸 공책 쓰기
★ 1학년을 위한 추천도서 119권

원고지에 글자는 이렇게 써요!

원고지를 쓸 때는 기본 규칙을 꼭 지켜야 해요.

❶ 글자는 원고지의 한 칸에 한 자씩 씁니다.

우	리	는		좋	은		친	구	들

❷ 숫자는 한 칸에 한 자 또는 두 자씩 씁니다.

6	·	25							
20	10	년		11	월		13	일	

❸ 알파벳은 한 칸에 한 자 또는 두 자씩 씁니다.

A	B	C	D	,	ab	cd	ef		
S	ch	oo	l						

❹ 로마 숫자는 한 칸에 한 자씩 씁니다.

I	II	III	IV	V	VI			

 1학년을 위한 즐거운 독서록 쓰기

문장부호는 어떻게 쓰나요?

문장부호를 사용할 때 어떤 규칙을 지켜야 하는지 배워 봅니다.

❶ **온점(.)** 문장이 끝났을 때 사용합니다. 그 뒤에 문장이 이어지면 한 칸을 띄지 않고 바로 씁니다.

그리고 원고지의 마지막 칸에서 문장이 끝나면 글자와 함께 온점을 사용합니다.

노	래	를		불	렀	다	.	그
노	래	는		듣	기		좋	았	다.

❷ **쉼표(,)** 쉴 때 사용합니다. 그 뒤에 문장이 이어지면 한 칸을 띄지 않고 바로 씁니다.

학	교	가		끝	난		후	,	태
권	도		도	장	에		갔	다	.

❸ **물음표(?)** 물어볼 때 사용합니다. 한 칸을 차지하므로 분상이 이어질 때 다음 한 칸을 띄어 씁니다.

새		옷		어	디	에	서		샀
니	?		말	해		줘	.		

❹ **느낌표(!)** 놀라움이나 느낌을 나타낼 때 사용합니다. 한 칸을 차지하므로 문장이 이어질 때 다음 한 칸을 띄어 씁니다.

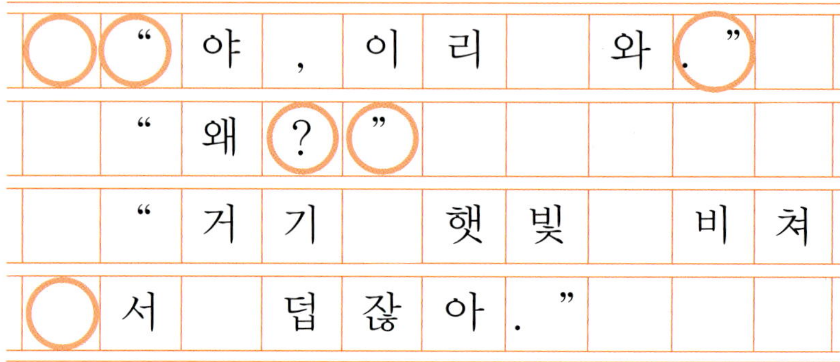

❺ **큰따옴표(" ")** 대화문을 쓸 때 사용합니다. 앞의 큰따옴표는 원고지 둘째 칸에 씁니다. 대화문이 끝날 때까지는 첫 칸을 계속 비워 둡니다. 온점과 큰따옴표는 한 칸에 같이 쓰고, 물음표나 느낌표를 쓸 때는 다음 칸에 큰 따옴표를 씁니다.

⑥ 작은따옴표(' ') 생각을 나타낼 때나, 강조하고 싶은 낱말이 있을 때 사용합니다.

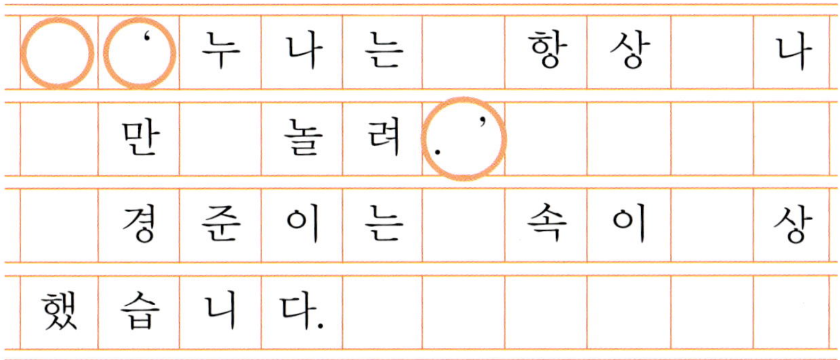

⑦ 말줄임표(……) 말을 줄일 때, 또는 말이 없음을 나타낼 때 사용합니다. 반드시 가운데 점을 여섯 개 써야 합니다. 그리고 한 칸에 세 개씩 씁니다. 말줄임표를 사용한 뒤에는 다음 칸에 온점이나 반점 등을 씁니다.

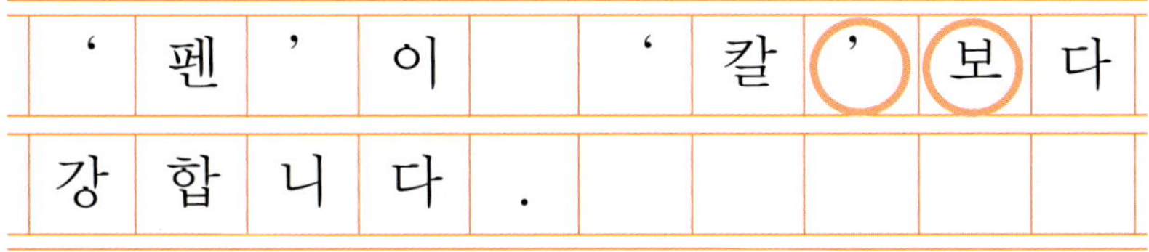

10칸 공책도 원고지 쓰기처럼 해요!

1학년이 쓰는 10칸 공책에 글을 쓸 때도 원고지 쓰기 양식에 맞게 써야 해요. 다음 글을 참고하여 어떻게 쓰는지 알아보세요.

	제	목	:	'	책		먹	는	
여	우	'	를		읽	고			
	여	우		아	저	씨	는		책
을		훔	치	다	가		경	찰	한
테		잡	혀	서		감	옥	에	
간	혔	다	.	여	우		아	저	씨
가		조	금		불	쌍	했	지	만,
웃	기	기	도		했	다	.	책	을
먹	으	려	고		훔	치	는		게
웃	겼	다	.						
	여	우		아	저	씨	는	나	중

한 칸에 한 자씩 써요.

칸이 끝나면 글자 옆에 쉼표를 적어요.

에　감옥에서　책을 썼다. 그래서　유명해지고　감옥에서도　나왔다. 나는　아저씨한테　이렇게　말해　주고　싶다.

○ "아저씨, 이제　책을　많이　쓰고　갖게　되었으니까　앞으로는　도둑질하지　마세요. 아셨죠?"

그러면　아저씨기분명　내　말을　든고　알겠다고　할　것이다.

동시를 쓸 때는 어떻게 해요?

동시를 쓸 때는 연과 행의 구분이 어떻게 되는지 잘 확인한 후 써요.

						닭						
								강	소	천		
➊	물	한	모 금	입 에	물 고	,						
	하 늘	한	번	쳐 다 보 고	,							
➋												
	또	한	모 금	입 에	물 고	,						
	구 름	한	번	쳐 다 보 고	.							

➊ 시작할 때 두 칸을 비우고 셋째 칸부터 씁니다.

➋ 연과 연 사이는 한 줄을 비웁니다.

➌ 시의 행이 원고지의 한 줄의 길이를 넘어설 때에는 다음 줄의 둘째 칸부터 씁니다.

➍ 원고지 마지막 줄에서 동시의 연이 끝나면 다음 장 첫 줄을 비우는 것이 아니라 글이 끝나는 장의 아래 여백에 줄 비움표(<)만 표시합니다.

● 1학년을 위한 추천도서 119권 ●

책이름	지은이 / 출판사
〈꽃님이가 전학 온 날〉	고토 류지 / 크레용하우스
〈늑대가 들려주는 아기돼지 삼형제 이야기〉	존 셰스카 / 보림
〈생쥐 이야기〉	아놀드 로벨 / 비룡소
〈엄마의 의자〉	베라 윌리엄스 / 시공주니어
〈책을 먹는 도깨비 깨보〉	김승태 / 예영커뮤니케이션
〈유령 박물관에서 열린 음악회〉	조애너 콜, 브루스 디건 / 비룡소
〈내 친구 야야〉	김정희 / 산하
〈시인과 여우〉	팀 마이어스 / 보림
〈있잖아요, 산타마을에서는요…〉	가노 준코 / 길벗어린이
〈고양이〉	현덕 / 길벗어린이
〈코는 왜 얼굴 가운데 있을까〉	정채봉 / 샘터
〈호랑이 잡은 피리〉	강무홍 / 보림
〈허수아비 기드온〉	그라치아 파사 / 서광사
〈수평선으로 가는 꽃게〉	박윤규 / 현암사
〈저만 알던 거인〉	오스카 와일드 / 분도출판사
〈그리스 사람들은 왜 올림픽 경기를 열었나요?〉	장길호 / 다섯수레
〈과학 동화로 크는 아이4〉	우리누리 / 한길사
〈까막 나라에서 온 삽사리〉	정승각 / 보림
〈코를 킁킁〉	루스 크라우스 / 비룡소
〈숲을 그냥 내버려 둬〉	다비드 모리송 / 크레용하우스

책이름	지은이 / 출판사
〈심심해서 그랬어〉	윤구병 / 보리
〈까막눈 삼디기〉	원유순 / 웅진씽크빅
〈괴물 예절 배우기〉	조안나 코올 / 시공주니어
〈순이와 어린 동생〉	쓰쓰이 요리코 / 한림출판사
〈손 큰 할머니의 만두 만들기〉	채인선 / 재미마주
〈엄지공주〉	안데르센 / 거인
〈재주 많은 다섯 친구〉	조대인 / 보림
〈우리 집 꽃밭 가꾸기〉	기도시타 미유미 / 계림북스쿨
〈동그란 지구의 하루〉	안도 미쓰마시 / 아이세움
〈살아 있는 땅〉	엘레오노레 슈미트 / 비룡소
〈책 먹는 여우〉	프란치스카 비어만 / 주니어김영사
〈새봄이 이야기〉	최재숙 / 보림
〈빨간모자〉	노자키 아키히로 / 비룡소
〈만희네 집〉	권윤덕 / 길벗어린이
〈큰 도둑 거믄이〉	황해도 구전 민화 / 분도
〈집 없는 아이〉	엑토르 말로 / 예림당
〈지각대장 존〉	존 버닝햄 / 비룡소
〈나는 싸기 대장의 형님〉	조성자 / 시공주니어
〈바위 나리와 아기 별〉	마해송 / 길벗어린이
〈생각을 모으는 사람〉	모니카 페트 / 풀빛
〈도깨비가 밤마다 끙끙끙〉	김수택 / 푸른숲
〈가방 들어 주는 아이〉	고정욱 / 사계절

책이름	지은이 / 출판사
〈벌렁코 하영이〉	조성자 / 사계절
〈영원한 주번〉	김영주 / 재미마주
〈아씨방 일곱 동무〉	이영경 / 비룡소
〈비눗방울 기계〉	장 피에르 기예 / 다섯수레
〈엘머의 모험〉	루스 스타일스 개니트 / 비룡소
〈강아지 똥〉	권정생 / 길벗어린이
〈글자 줍는 개미〉	마테오 테르자기 / 미래아이
〈개구리네 한솥밥〉	현덕 / 보림
〈나, 화났어!〉	제인 클라크 / 미세기
〈도깨비를 빨아 버린 우리 엄마〉	사토 와키코 / 한림출판사
〈파란 대문 집〉	손연자 / 문원
〈행복한 청소부〉	모니카 페트 / 풀빛
〈양파의 왕따 일기〉	문선이 / 파랑새어린이
〈여우의 전화박스〉	도다 가즈요 / 크레용하우스
〈팥죽 할머니와 호랑이〉	조대인 / 보림
〈동강의 아이들〉	심재홍 / 길빗어린이
〈벙어리 꽃나무〉	윤내녕 / 미세기
〈선인장 호텔〉	브랜다 기버슨 / 마루벌
〈납작이가 된 스탠리〉	제프 브라운 / 시공주니어
〈이상한 나라의 숫자들〉	크라안 부부 / 분도
〈화가 나는 건 당연해〉	미셸린느 먼디 / 비룡소
〈그림 보는 아이11. 집〉	바움 부쉬 / 비룡소

책이름	지은이 / 출판사
〈머리에 쏙쏙! 선조들의 공부법〉	우리누리 / 중앙M&B
〈이 고쳐 선생과 해골투성이 동굴〉	롭 루이스 / 시공주니어
〈아름다운 파나마는 어디에 있나요?〉	야노쉬 / 여명
〈곱슬머리 내 짝꿍〉	조성자 / 푸른나무
〈똥이 어디로 갔을까〉	이상권 / 창작과비평사
〈일 년 내내 벌 받는 1학년〉	에블린 르베르그 / 주니어김영사
〈아빠 사자와 행복한 아이들〉	야노쉬 / 시공주니어
〈오른 발, 왼 발〉	토미 드 파올라 / 비룡소
〈우리 친구 하자〉	쓰쓰이 요리코 / 한림출판사
〈기차 할머니〉	파울 마르 / 중앙출판사
〈마법의 설탕 두 조각〉	미하엘 엔데 / 소년한길
〈사내대장부〉	C. 뇌스틀링거 / 비룡소
〈작은 생쥐와 큰 스님〉	다안느 바르바라 / 풀빛
〈내 이름은 나답게〉	김향이 / 사계절
〈깃털 없는 기러기 보르카〉	존 버닝햄 / 비룡소
〈구렁덩덩 새선비〉	이경혜 / 보림
〈양초귀신〉	강우현 / 다림
〈뽀끼뽀끼 숲의 도깨비〉	이호백 / 재미마주
〈해치와 괴물 사형제〉	정하섭 / 길벗어린이
〈흥부전〉	손연자 / 대교출판
〈샌지와 빵집 주인〉	로빈 자네스 / 비룡소
〈백설공주〉	안데르센 / 예림당

책이름	지은이 / 출판사
〈내 친구 꼬마 용〉	이리나 코르슈노프 / 사계절
〈나는 책이야〉	김향이 / 푸른숲
〈갯벌이 좋아요〉	유애로 / 보림
〈이 소리 들리니?〉	조은수 / 길벗어린이
〈우리들만의 작은 집〉	하이드룬 페트리데스 / 크레용하우스
〈에밀은 사고뭉치〉	아스트리드 린드그렌 / 논장
〈까마귀의 소원〉	하이디 홀더 / 마루벌
〈그림 그리는 아이, 김홍도〉	정하섭 / 보림
〈돼지책〉	앤서니 브라운 / 웅진주니어
〈개구리와 두꺼비가 함께〉	아놀드 로벨 / 비룡소
〈거꾸로 보는 텔레비전〉	김남길 / 문공사
〈갑수는 왜 창피를 당했을까〉	노경실 / 계림북스쿨
〈또야 너구리가 기운 바지를 입었어요〉	권정생 / 우리교육
〈칠판 앞에 나가기 싫어〉	다니엘 포세트 / 비룡소
〈짜장, 짬뽕, 탕수육〉	김영주 / 재미마주
〈빨강 풍선〉	알베르 아모리스 / 분도
〈할머니가 남긴 선물〉	마거릿 와일드 / 시공주니어
〈탁탁, 톡톡, 음매~ 젖소가 편지를 쓴대요〉	도린 크로닌 / 주니어랜덤
〈내 짝꿍 최영대〉	채인선 / 재미마주
〈반쪽이〉	이주혜 / 시공주니어
〈비나리 달이네 집〉	권정생 / 낮은산
〈피터 팬〉	제임스 베리 / 예림당

책이름	지은이 / 출판사
〈만년샤쓰〉	방정환 / 길벗어린이
〈고맙습니다, 선생님〉	페트리샤 폴라코 / 아이세움
〈아름다운 가치 사전〉	채인선 / 한울림어린이
〈내게는 소리를 듣지 못하는 여동생이 있습니다〉	피터슨 / 중앙출판사
〈멋진 여우 씨〉	로알드 달 / 논장
〈세상에서 제일 힘센 수탉〉	이호백 / 재미마주
〈나쁜 어린이표〉	황선미 / 웅진주니어
〈화요일의 두꺼비〉	러셀 에릭슨 / 사계절
〈숙제 귀신을 이긴 아이〉	노경실 / 명진출판
〈잔소리 없는 날〉	안네마리 노르덴 / 보물창고
〈아름다운 책〉	클로드 부종 / 비룡소